ORIGINAL POINT PSYCHOLOGY 沉心理

拥抱阴影

从荣格观点
探索心灵的黑暗面

[美] 罗伯特·约翰逊（Robert A. Johnson）—— 著

徐晓珮——译

OWNING YOUR OWN
SHADOW
UNDERSTANDING
THE DARK SIDE OF THE PSYCHE

华龄出版社
HUALING PRESS

北京市版权局著作权合同登记号 图字：01-2023-1972 号

图书在版编目（CIP）数据

拥抱阴影：从荣格观点探索心灵的黑暗面 /（美）罗伯特·约翰逊（Robert A. Johnson）著；徐晓珮译著 . -- 北京：华龄出版社，2023.4

ISBN 978-7-5169-2557-7

Ⅰ．①拥… Ⅱ．①罗… ②徐… Ⅲ．①人性论 Ⅳ．① B82-061

中国国家版本馆 CIP 数据核字（2023）第 129526 号

策划编辑	颉腾文化		
责任编辑	徐春涛	责任印制	李未圻
书名	拥抱阴影：从荣格观点探索心灵的黑暗面	作者	［美］罗伯特·约翰逊（Robert A. Johnson）
出版发行	华龄出版社 HUALING PRESS	译者	徐晓珮
社址	北京市东城区安定门外大街甲 57 号	邮编	100011
发行	（010）58122255	传真	（010）84049572
承印	文畅阁印刷有限公司		
版次	2023 年 8 月第 1 版	印次	2023 年 8 月第 1 次印刷
规格	787mm×1092mm	开本	1/32
印张	5	字数	69 千字
书号	978-7-5169-2557-7		
定价	55.00 元		

本来无一物：阅读《拥抱阴影》

魏宏晋（心灵工坊成长学苑讲师）

罗伯特·约翰逊是位优秀的说书人，其《拥抱阴影：从荣格观点探索心灵的黑暗面》一书从西方文化、历史与宗教的观点切入，将浅白的日常经验与文化历史故事相交织，旨在破解二元对立世俗性观点的迷思，析论阴影的神圣价值，精彩生动，是一部讲述心灵故事的佳作。

"阴影"（shadow）是荣格心理学重要的入门概念，贯串体系，因为是理论的骨干，古典荣格学派大师冯·弗兰兹（von Franz）甚至大胆疾呼："简单地说，阴影就是无意识整体。"几乎置科学精神于罔闻，更凸显阴影这个概念在分析心理学中的地位非凡。

阴影的前身：情结

荣格的精神分析事业始于情结（complex）的

科学实证研究，他的"字词联想测验"（Word Association Test）为弗洛伊德从治疗病人的丰富经验中所归纳出的不快记忆会被压抑进无意识的假设，提供有力的证据。众所周知，此举奠立了两人合作的基础。情结理论在两人合作无间的时期被发扬光大，成为精神分析的重要理论根据。后来，荣格自立门户之初，还曾经把自己的理论称为情结心理学，以分析心理学正式为名则是稍后的事。

情结一词由德国心理学家希奥多·济安（Theodor Ziehen）率先提出，他指称其为"由复杂的情绪所组成的"（complex compounded by the feeling），是个"情绪的复合体"（emotional complex），荣格赞同这个看法，也认为情结就是"各种想法充斥的复杂情绪体"（feeling-toned complex of ideas），可称之为"情感饱满的情结"（emotionally charged complexes）。

济安是联想心理学（association psychology）的倡导者，他在自己所创的"心理生理学认识论"（psychophysiological epistemology）范畴内，提出属于他自己特别的"二元论"（binomistic）思想，提倡

拥抱阴影：从荣格观点探索心灵的黑暗面

他称之为"内在原则"（the principle of immanence）的一元实证主义哲学立场。他的哲学方法论奠基于现实主义、客观主义和绝对理性主义之上，所持的唯心主义认知模式反对十九世纪以来的唯物主义自然科学观。

尽管弗洛伊德的情结理论观点并未背离济安的二元论的想法，但是他毕竟在科学方法论上倾向唯物的因果论，主张人类具有普遍共通的情结，且无法逃离它的影响，也就是他所说的绝大部分心理疾病的核心就是俄狄浦斯情结的问题，此说主张明显为性欲一元论。然而荣格却认为，人类心灵由多种情结构成，且许多情结间彼此会形成二元对立，问题不单只因性欲而起。

二元对立：情结到阴影

荣格认为，人是情结的复合体，基本上，心灵就是由各种不同情结所构成的。而形成情结的原因，要追究到阴影。阴影先于情结存在，于情结背后担任主导的角色，两者皆属原型。

在心灵的第一个层次，也就是在个人经验里，阴影随个体成长而发展累积，会自发性地组合重聚。由一个共同主题所组合起来的情绪、记忆、认知以及欲望的模式与核心，一组组被压抑的心灵内容物围绕这个核心或者模式，聚集成情绪饱满的思想观念群，形成诸多情结。如因为想争夺母亲的幻想，产生对父亲的敌意，又加上现实父亲带来真实与想象伤害的恐惧、记忆与痛苦所形成的阴影聚集在一起，因而发生恋母弑父的俄狄浦斯情结。因此，情结是个人无意识的主要内容。

而进入到荣格心理学的重点，也就是集体无意识的第二个层次，荣格将情结与阴影做了进一步的区分。

荣格在一九〇六年到一九一二年与弗洛伊德合作期间，抱持着支持弗洛伊德精神分析理论的立场，尽量援引弗氏概念诠释心理现象，其间于一九一二年出版的《无意识心理学》（*The Psychology of the Unconscious*），里头并没有提阴影，那时是以情结替代。两人分道扬镳后，他在《转化的象征》（*Symbols of Transformation*，1956 年）里写道："我分析美国人时，

拥抱阴影：从荣格观点探索心灵的黑暗面

经常看到的劣势人格，所谓的阴影，是以黑人或者印第安人的样貌出现的。"荣格在讨论美国人这个族群时，以一位年轻的美国女性的梦境分析为案例，他指出，出现在她梦中的美洲阿兹特克原住民，可能不是她自己的阴影，因为那是个男性，所以要将他当作她人格中的阳性部分。这是以集体无意识心灵中的阿尼玛（anima）与阿尼姆斯（animus）这组二元对立的原型结构作为分析的基准。

原型常常会形成对立的组合，比如阿尼玛与阿尼姆斯，各自成为彼此对立面的阴影，这在古典荣格学派里，构成集体无意识分析的主题。而原型的特性在于绝对不可妥协，本身就是个二律背反（antinomy），比如绝对的善或绝对的恶都无法独立存在，如果不能彼此彰显，便只是无意义的各自概念而已。因此，原型本身也有阴影。荣格曾以旧约上帝只因撒旦的质疑，便降灾试炼他的虔信子民约伯为例指出，约伯对上帝的无情且无来由的惩罚一概承受，反而显现出被造者的心性比创造者高尚完美的矛盾。耶和华不信任他所造的约伯，正是他的阴影投射；多疑独断且愤怒残酷的性格，透露出他的困境。也因此，这个不完美的旧约上帝，只有通过肉身，来到人间，以新约基督的人的形象亲身经历他所创造的人世间的苦难，完成荣格学派理论所谓的个体化历程后，才成为一个完整的个体，实现上帝原型所指涉的真实意义内涵。

阴影的破与立

综上所述，阴影的含义涉及了三个层面。一是个体的，为来自个人经验过程被压抑的幻想、愿望、冲动和思想等；二是集体的，不源于个体，可能是因文化、族群、权力、仇恨等而产生的共同欲望的投射；三是原型的，为心灵中的绝对模式，亘古恒存的至善、邪恶、诸神众鬼等。

弗洛伊德早年对一元性驱力精神分析理论勠力以赴，及至晚年却意识到当中的局限。人如果只有趋生的本能，就无法解释抗拒痊愈、攻击杀戮等精神官能症的模式，于是，他终于再提出具有争议性的"死亡本能"（death instinct）的概念。他在《超越享乐原则》（*Beyond the Pleasure Principle*，1920年）一书中指出，人会以"强迫重复原则"让自己有可"控制"的快乐。自我毁灭是自己可以控制的，因此为死亡本能。性本能是建设性的，反向的死亡本能则是破坏性的，两者同时并存，但消涨方向正好相反。他为自己的理论辩护道："我们的观点从一开始就是二元论的，……相反地，荣格的欲力理论是一元论的……"然而弗洛伊德的辩解则反倒令人更加生疑。人生的价值也许并非仅止于众多弗洛伊德学派学者所主张的"可以工作、可以爱，足矣"。工作与爱人，只能算世俗标准，对志在人生真相、宇宙真理者，世俗的成功，却可能只是换一种方式受苦。人前富贵，人后受罪，终非解脱之道。就荣格而言，身处二元对立的世界，如何整合人生内外的复杂对立才是根本。从个人、集体到原型，总有着表象之下的另一个极性，从个人观念心性、集体道德责任，一直到终极的宗教悖论，阴影能量充沛，可正可邪的影响力真实不虚，如何去除？且同时又如何加以融合纳入？实为要事。

　　以上分析，为阅读贯通本书的辅助性知识。

暗里灵光

本书的篇幅不长，结构也简单。连同导论加上三章，共分四大部分。导论言简意赅地指出阴影的珍贵，但有容易被忽视、遭误用的特性；正文第一部分析论阴影形成与运作的来龙去脉；第二部分由男女情爱触动阿尼玛／阿尼姆斯原型的讨论，进入到集体无意识，初步涉及二元对立消弥于融合的问题，开启最后一部分"灵光"的讨论。"灵光"这部分篇幅最短，实为宗教问题之探索，旨在消弥二元对立，故易读难"懂"，宜随诗意行文徜徉漂流，随缘触动为要。

"灵光"亦即荣格学派理论之"自性"（Self），为心灵整体，也是核心，本自具足，尽虚空、遍法界。自性为"神"的原型，但既非以浮上意识层面的任何宗教的上帝所能概括，因此也不全然等同于沉入无意识里的魔鬼。它是个体化之前的概念、完成后的成就、引路的灯塔、是起点也是终点，带领着人们完整经历生命所有的痛苦与磨难，照亮无意识中的黑暗。

阴影深埋心灵，灵光可谓整合阴影的唯一法宝。

遮蔽光明而让个人产生阴影的，不外乎人格面具；至于集体阴影，则因认同神圣的集体精神而来；而原型的阴影肇因于性质极端、彼此互为阴影的原型，一个有如意识上的形式，如天堂，另一个竟成为无意识中的能量，像地狱。

不管阴影起于个人经验、集体认同，或者原型对立，不外乎因缘合和而生，本来无一物，如露亦如电。当因缘成熟，走上荣格学派所谓个体化自我探索与整合之路者，不时会有灵光乍现之际，于其时，电消露逝，无去亦无来。一时天清气朗，恍如身处天堂；精神饱满，有若神力满溢。而，那就是了！

天堂有门，地狱是路

个体化历程走的不是迷宫，没有死路；探索的是迂回却必定通达的明阵（Labyrinth）。灵光常伴，瞻之在前，忽焉在后，遍于心灵诸角落，照亮所有黑暗，破除任何二元对立。最后，完成旅程的英雄可以站立在拜占庭式的圣三画前，开启二元对立悖论无门关入口，参与到神圣当中，补足神圣结构的四位一体，成为神的本身。

　　本书依循传统荣格理论的路径，从个人、集体与原型三个基本面向，为建立在二元论基础上的精神分析寻求对立整合之道，最终再以荣格本人所建议过的宗教心灵方案作为根本的解决办法，文献丰富，深入浅出，探赜索隐，钩深致远，值得细品慢读。

拥抱阴影

钟颖（心理咨询师）

这本书是一本讨论阴影主题的书，不同于法兰兹博士以童话作引子来介绍恶与阴影的主题，作者罗伯特·约翰逊是从宗教体验上去谈阴影的。对初学者来说，这本书会直接提高你的学习层次，提示你阴影犹如生命之泉，它会在我们熟悉的地方消失，然后又从人们没有想过的地方冒出来。对已走在阴影工作上的读者来说，它会提示你注意支点与中心就是神圣所在之处，也提示我们可能会将阴影中的黄金投射在他人身上，要记得将它认同回来。

阴影工作即个体化

阴影工作是什么？它几乎就是个体化的全部。从认识阴影、忍受阴影到接纳阴影，那是一种将天堂的形式与地狱的能量相结合的过程。也是本书作者所说的，在黑暗中寻找黄金的过程。事实上，我认为我们通过阴影找到的黄金并不是什么别的东西，而是内建于自身，和群体相连的"大我"或"自性"。

阴影被界定为在成长过程中被我们否认和排斥的特质与事物。用荣格早期的定义来说，则是那些在无意识中所包含的任何事物。这些与自我认同相对立的一切何以会蕴藏着黄金呢？因为对生命来说，最重要的就是完成，就是开展，就是实现。但其所欲实现的并非"小我"（也就是所有我们在向陌生人介绍自己时会说的那些东西），而是那些被小我遗弃和本能式回避的一切。黄金就位于我们的对立面，只有在我们认识且接受了阴影之后，才可能短暂地经验到这种荣格心理学家或求道者终其一生所欲追求的那种境界。这个境界就是"完整"。

为什么说短暂？因为当我们接受了自身的对立面达成了进一步的整合时，新的阴影就会再度成形，它永远与个人处于辩证关系。因此对于学习荣格心理学的人来说，最重要的一种能力或许是将"对立"体验为"相对"。自我与阴影看似在彼此的对立面，但两者事实上是相对的，正如所有我们在意的两极一样：贫与富、善与恶、成功与失败、出人头地与默默无闻等都是如此。

从对立走向相对

"对立"会使我们生命的立足点越来越小，"相对"却允许自我能被两者同时穿越。举情绪为例，正因我们认为身心健康的状态是我，甚至正向积极的情绪才是我，因此就会视难过、悲伤、愤怒、沮丧等负面情绪为寇仇，急着想要摆脱或"治疗"这些并不属于我的东西。我越执着于我渴望的状态，就越要回避所有会丢失这些状态的情境，从而只留下了狭小的空间给自我。这是人处于对立的状态。

而在相对的状态中又如何呢？在这个情境中，我们知道无常即真理，知道每一种情绪状态都是自我的一部分，自我虽然要对情绪负责，但却不是情绪的主人。我们允许各种情绪来，也允许各种情绪走，犹如天上的白云，海面的波涛。我们站在作者所说的"中间地带"，虽然那里如刀锋，位于时间与空间之外，但就在那短暂的时刻里，创造、意义与平静，所有那些我们在"苦"里遍寻不得的东西，都会在这个状态里出现。

阴影工作的圣与俗

面对阴影既是世俗的，也是神圣的。世俗的那一面正如上述，它是我们解决生命之苦的手段，同时又是一种道德的必需。为什么呢？那些不愿在自身处理阴影的人，就会将内心的黑暗丢给外界、丢给他人。阴影最容易在我们的家人、同事与朋友的身上找着。那些本该由我们承担的一切，成为了他们身上固有的邪恶特质。投射的防卫机转如此强大，以至于多数的我们都会坚信，那些与我价值观不同的人，与我国籍血缘不同的人，就是懒惰愚蠢且心怀狡诈的人。在民族主义浪潮的推波助澜下，各种仇恨、杀戮、战争、集中营的惨况都显示了投射阴影所带来的灾害。我们乐于每晚在政论节目里从同胞中寻找敌人，而非在他人身上认回自己的阴影、从敌人中寻找同胞。因此阴影工作的世俗性即在于确保了人性的质量，从而也促成人群的合作基础，以及社会的平和及稳定。

　　而神圣的那一面同样如上所述，它是我们走向个体化，完整开展自我的第一步与最后一步。在那里，已不再有主与客，也不再有失与得。有的只是相对且平等的一切。在那里，我们得以用一个更高的视角看待我们的生命。禅师傅大士有诗一首："空手把锄头，步行骑水牛，人从桥上过，桥流水不流。"请读者们细思之，空手把锄头，是有锄头还是没有呢？步行骑水牛，是徒步行走还是骑着水牛呢？当作者罗伯特·约翰逊介绍了基督教文化中的"灵光"（mandorla），并将之视为两极冲突时的和解象征时，禅宗同样以其特有的悖论将我们从原先分裂的内部世界与外部世界中拉出来，直到玄秘的高点。在那一点上，我们摒弃了思考。所以当僧人问洞山禅师"什么是佛？"时，一旁正在量胡麻的洞山禅师回他："麻三斤。"思维在此处是无用的。我们的意识已经为我们做了太多解释，这个是佛，那个不是。这样做是佛，那样做不是。当我们执着于"是"和"不是"时，阴影又躲到了"不是"的旁边，并再度将我们带离完整之地。在禅宗的传统里，十牛图将那完整表意为"入尘垂手"，画中是一位老者向一位幼童伸出了手。老与幼的同框，意味着两极展开了有意义的相遇。西方传统则惯用男女之间的爱恋故事来表意，但其所象征的意思却是相同的。

完整也是炼金术中色彩斑斓的"孔雀尾"，象征着历历在目的觉知，象征着人对自身每个面向的认可，在那之中，阴影已经成为我们的一部分。正如本书所言，整合不是中和，也不是妥协。否则孔雀尾就不会变成一道彩虹，而是混杂的灰色块。

阴影的处理方法与原则

展开阴影工作的具体方法是什么？罗伯特·约翰逊在书里语带玄机地说"花哨的解决方法不会有效"。虽然我也偏爱这种不将玄机道破的方式，但此处还是有些提醒可以跟读者分享的。首先是我们的阴影躲在哪里？答案是：那些我讨厌的人就是阴影的躲藏之所，因为它总是容易投射在与我们亲近的人身上。在那些令我们痛苦难受、愤恨难解的亲子与伴侣关系

拥抱阴影：从荣格观点探索心灵的黑暗面

中，往往就反映着我们自身的阴影议题。

其次，处理阴影的方法有哪些呢？最要紧的是把握平衡的原则。作者告诉我们，当人们掌握了正确的方式后，是可以控制自己要如何或在哪一方面展现阴影的。阴影的提示是"最好能够在独处时完成，不要伤害到周遭环境或身边的人"。因此如果你是需要久坐或长期动脑的上班族，不妨做点手工或打扫整理房间，甚至动动自己的大肌肉，让受到冷落的身体可以动起来。另外，凡是那些不会影响他人的恐怖电影、悬疑小说、成人影片也是让阴影获得平衡的好方式之一。

本书最有用的提醒，就是人的无意识无法分辨现实行为与象征行为的差别，因此一个属于自己的小仪式（例如拔除杂草、对空挥拳、用模型小车摆出车祸场景，或编写一个充满愤怒或诱惑的小故事），都有助于解放我们在这一天中产生的阴影，从而维持好平衡。本书提到，荣格学派的治疗师法兰兹博士与芭芭拉·汉纳两人同住，如果哪个人特别好运，就要负责倒当周的垃圾。这类行为是在释放正面事物的阴影面，也是追求平衡的一种方式。

追求平衡的目的不仅是为了健康，真正重要的是为灵性经验做准备，而这是现代人最容易在无意识中忽略，也最容易在意识里反对的一件事。现代社会对灵性经验有多缺乏，那些情歌所传达出的盲目与狂热就有多受欢迎。我们或是把恋人视为高不可攀以及提升自己的工具，或是把恋爱视为性欲的代名词，沉浸在性的解放与满足里。这两种极端肇因于同一个根源，亦即灵性经验的无能与枯竭。

爱情是属于人的，但上述所说的提升、满足与解放等词汇却属于宗教。作为局外人的我们或许觉得难以理解，但对那些热恋期淡去的爱人们来说却很熟悉。爱情的魔力掳获他们、折磨他们，而后远离了他们。恋人是真正的附魔者，而恋爱经验则常常是宗教体验的替代品。未经处理的阴影如何与我们熟悉的事物相结合而表现在生活中，此处又是一例。

结语

关于阴影工作我还能说什么呢？在这么优异且个

人化的作品面前，再说什么都是多余的。分析师罗伯特·约翰逊分享了他对西方世界的观察与体悟，我在文中也用禅的故事回应了他。如若读者们不嫌弃，且听我再讲一个故事当作本文结尾。

印度守护大神毗湿奴的第八化身名为"黑天"（Krishna）。他的命运是战胜自己邪恶的叔叔。他在小时候就显露出了种种非凡的特质，有一回，他就像每个不懂事的小孩子那样坐在地上乱吃着东西，母亲叫他把东西吐掉，但他却说自己什么也没吃。母亲气极了，叫他把嘴张开检查，没想到，母亲却在黑天的嘴里看见了日月星辰，看见了整个宇宙。如果宇宙在这孩子的包纳之中，那么母亲所身处的宇宙又在何处呢？每个被我们分裂出去的自身阴影或心灵碎片都包含了整体性，这既是一次又是多次、既是残缺又是完整的悖论看似矛盾，却是实实在在超越性的证明。想想叶子上映照出整片蓝天的水珠，以及朝向自己生命而去不断分裂成长的健康胚胎吧！个体化不仅是个人实现完整的动力，也是大我存在的基础。包含了无意识中所有事物的阴影将会有你一直以来寻求的奥秘。

这个过程无疑是辛劳的，犹如我们想在世俗生活中取得的任何成就一样。

但此番旅程你什么都不会得到，你只会得到自己，得到"日日是好日"的惬意，得到"行到水穷处，坐看云起时"的从容自在。你一直向往着的这一步，该开始了！

修行始于接纳阴影

李孟潮（精神科医师、个人执业）

朝鲜之地，箕伯所保。宜人宜家，业处子孙。

——《易林·大畜之大畜》

导言

翻开普林斯顿二十卷的荣格文集，我们看到标题上写有"阴影"这个词语的，只有两处，一处是一九四六年的文章，另一处是一九五一年的，两个年头，都是烽烟四起的岁月。

一九四六年这篇，是荣格在BBC的演讲，名为《与阴影作战》（*The Fight with the Shadow*），此文慷慨激昂，情绪激烈，类似网络热文，它集中火力，批判集体主义的德国文化。荣格宣称早在二战之前，就发现自己的德国病人有问题。他诅咒了希特勒，贬低了德国人，认为他们把阴影投射到了希特勒身上。然后，他提倡民主主义，以瑞士的完美民主体制为代表，他分析因为瑞士民主把生命能量消耗到内斗了，所以不太容易发动战争。

他还号召大家成为独立负责的个体，而不是把人生寄托到某一权利上面，最后，他寄希望于未来的人类，未来人会认识到自己是命运的制造者，回到自性化的康庄大道。如今未来已经到来，松摇古谷风，竹送清溪月，荣格九泉下，可否含笑眠？（Jung, 1946）

一九四六年这篇文章虽然题目名称中有"阴影"二字，但是对于"阴影"的临床应用却帮助甚微。甚至我们应该怀疑，当时的荣格是否被文化无意识阴影捕获、被权力情结占据了。

一九五一年，另一篇论述阴影的文章发表，成为经典之作，它奠基了荣格学派的阴影理论。它来自荣格文集第九卷第二部分，《伊雍》（*Aion*）[①] 一书的第二章，此书是荣格晚年的心血之作，除了第二章专门讨论"阴影"外，第三章和第四章还提出了一个四阶段

---

① *Aion* 一书，有多种翻译名称，除了《伊雍》，还包括《爱翁》《移涌》《基督教时代》《自我与自性》等。

的自性化①模型：

阶段1：阴影与人格面具整合。

阶段2：阿尼玛与阿尼姆斯整合。

阶段3：智慧老人与永恒少年整合。

阶段4：自性原型与自体连接。

荣格如此描述阴影整合的重要性，"我要强调的是，阴影的整合，或者对个体无意识的认识，乃是分析的第一步，没有这一步，也不可能认识阿尼玛和阿尼姆斯。了解阴影，只能通过与伙伴的关系；了解阿尼玛和阿尼姆斯，则只能通过与异性伙伴的关系，因为只有在这样的关系中，它们的投射方可奏效。"（Jung, 1951）

能把荣格四阶段打完通关的人，可谓凤毛麟角。这英雄之旅，孤独而漫长，自然离不开前人绘制的自

---

① 自性化，是 individuation 的译名。individuation，词根 in-，是"不可"之意，-dividuation，则是"分开"之意，所以这个词本意为不可再分、独立成型、自成一体的意思。根据学科不同，它被翻译为不同的中文，如翻译为"个性化""个人化""分化"等。这个词翻译为"个性化"，更加切合荣格大多数语境下的含义，毕竟荣格是一个个人主义者。翻译为"自性化"，来自申荷永老师，主要是强调这个过程中，自我与自性原型连接，更接近于荣格晚年的用意。另外，此译名也在于突出中国文化特性，"自性"一词是古汉语，在佛经中多次使用，主要含义是指事物的原初本性，可参考济群法师《漫谈自性》一文。

性化心灵地图。有关阴影整合，荣格派著作不少，在后文也会略作评述。

在有关阴影的众多作品中，作者约翰逊这本《拥抱阴影》别具一格。主要有以下特点：其一，他采取了广义的阴影定义，也就是阴影等同于无意识。其二，他提出二元对立是阴影的来源，从而赋予阴影去整合一种灵性超越的意义。阴影整合变成了修行之旅的第一步，也是贯穿始终的主题。

本文准备首先简要总结此书各章内容，并且加以评述，便于读者们了解该书大意。然后介绍一些阴影整合的其他资料，供有意深入学习的读者参考。

本书内容简要总结和评述

本书包含三个部分。对应着自性化的三个阶段，第一章是讨论阴影的整合，第二章是阿尼玛和阿尼姆斯的整合，第三章则是描述了自性化最后一个阶段的一些体验，比如曼陀罗和灵光的出现。

第一章讨论了六个问题，分别是：①阴影的起源；②平衡文化与阴影；③投射的阴影；④阴影中的黄金；⑤中年的阴影；⑥仪式的世界。

总结和述评如下：

（1）阴影的起源：约翰逊在"导论"中就提出，"尊重并接受自己的阴影，是极为深刻的灵性修炼。这不但是整体圆满而神圣的，也是人生中最重要的体验。"那么为什么整合阴影是神圣的灵性体验呢？这就和他如何定义阴影有关，他说，"人格面具是我们想要成为的样子，也是我们想要让世界看到的样子"，而**"阴影则是我们没看见或不知道的自己"**。他明确地知道阴影的定义有广义和狭义的区分，并特别指出这里是广义定义的"阴影"。① 但是接下来，约翰逊提出了一个让人震惊的"阴影起源说"，他说，"但在发展

---

① 阴影的定义，广义和狭义区分可以参考英国心理分析师帕帕多普洛斯（Papadopoulos）主编的《荣格心理学手册》（*The Handbook of Jungian Psychology*）一书的第四章"阴影"，该章是由安妮·凯斯门特（Ann Casement）所写，她对阴影的定义、研究都有较为深入的探索，有一些资料超出了本文所总结的内容。另外，还可参考塞缪尔斯（Samuels）等所著的《荣格心理学关键词》（*A Critical Dictionary of Jungian Analysis*）（Samuels, 1986），他对"阴影"有较为概括的研究，不过由于没有使用概念研究方法，对荣格原著的诠释有偏颇之处。总结起来，阴影至少有三种定义：①指整个无意识；②指自我（ego）不能接受的，被压抑到无意识中的成分；③特指带有攻击性、毁灭性、黑暗的原型意象，如魔鬼、死神等。第一种是广义的概念，后面的两种是狭义的。

初期，我们吃了美好的知识之果，一切就划分出善恶好坏，阴影也开始逐渐形成，而我们也分离了自己的生命"。换言之，阴影是基督教说的"原罪"，是佛教说的二元对立的"分别心""分别念"。在善恶二元对立心态的作用下，文化通过分类和象征符号化进一步地强化了"阴影"与"人格面具"的二元对立。所以，我们想要超越阴影，就需要超越我们所处的各种文化，无论是中国文化还是美国文化。

（2）平衡文化与阴影：约翰逊在这一部分开头之处强调的是平衡发展，但是行文中，他更提倡一个人要和阴影接触。他采用了多方面的资料，包括荣格的梦境、基督教教义、欧洲历史、荣格分析师们生活趣闻等材料（包括作者自己的）。

（3）投射的阴影：约翰逊论证了，如果一个人不能内化和吸收阴影，他的阴影就会投射出去，造成各种问题，乃至种族歧视也来自阴影投射。他特别提出，在人际关系中，有些时候必须承担起别人的阴影投射。他举出的案例是一位禅师，他被怀疑和少女通奸导致对方怀孕，但是面对愤怒的村民，这位禅师保持了微笑的沉默，含污纳垢，慈悲利生。

（4）阴影中的黄金：这一部分提出优秀品质也可能成为阴影并被投射，并引用了诗人艾略特来佐证。这种论证方式非常有趣，在中国文化中叫"诗证法"，古文中常见的"有诗为证"。在最后又引用了一位牧师暨荣格分析师观点，提出上帝爱人类的阴影超过爱人类的自我。

（5）中年的阴影：中年期是阴影爆发之时。中庸之道是理想状态。

（6）仪式的世界：本章前五个部分类似于疾病的病理学和诊断学，这最后一个部分类似于治疗的建议。作者提出仪式对于整合阴影的重要性。大多仪式都包含有毁灭元素，并以符号象征阴影。作者同时提出人们要注意所选择仪式，是和劣势自我功能匹配的。

本书的第二章"浪漫爱情化身阴影"，承接第一章的内容，它仍然具有六个部分。内容总结和评述如下：

（1）投射神的形象：人们坠入爱河，处于浪漫爱情之中时，最容易出现阴影的投射，其实是自身的神圣性或者上帝的意象被投射出去。这和投射黑暗成分是一样危险的，因为爱人既然被投射成了神，那么人生出了任何问题，当然要找你家里的那位神来负责——从赚钱养家到打扫清洁，从协助写作业到上床做爱。所以任何人称呼你为"男神""女神"，就应该心存警惕，赶快把这本书送给对方。约翰逊具有文化比较的理念，他认为这种把配偶投射为神的现象，是在西方进入十二世纪才广泛存在的，而在东方的印度、中国西藏等地，人们把神的形象投射给一个世俗中的人，已有漫长历史，主要是在修行的师徒关系中，投射给上师、仁波切们，但是为了避免投射后的幻灭，师徒关系要保持恰当的距离。这种投射和幻灭的爆炸能量非常大，他比喻说，就像给只能承受一百一十伏电压的居民住宅，配备上了一万伏电压的高压电。

（2）浪漫主义的个人经验：这部分通过约翰逊本人的一个梦，来阐述了一个人如何放下那一万伏高压电的投射。前面有"诗证法"，这里是另外一种论据方法，叫作"梦证法"。荣格心理学认为，直觉、情感来源的信息也可以称为一种论证证据，这和一般的美国学院派的科学心理学不同，心理学背景的读者要注意这个特点。

（3）宗教经验中似非而是的悖论：荣格认为宗教的特征之一，是包含了矛盾统一的悖论。悖论可以产生意义，如果没有这些悖论，就只剩下了截然对立的冲突，而这些冲突会造成无意义感。承受这些悖论、这些困惑，是疗愈的第一步。也许事物的悖论本质，应该被列为一种最根本和重要的阴影。本章列出了的"世俗实际价值"与"基督教价值"对比列表，既有趣又重要，一眼看去，让我突发奇想，约翰逊列出的基督教价值，似乎有点像中国的生活现实，而他列出的世俗价值，恰好也是不少华人公共知识分子的理想和信仰，他们在改造中国文化中艰苦奋斗。最后，约翰逊对宗教（religion）这个词进行了语言学溯源，提出宗教的本意就是重新连接，让人的小我桥接、嫁接到疗愈的本源。这其实就是自性化过程中的自我 – 自性原型的整合，所以荣格派分析师中有很多禅师、牧师、上师、仁波切，也就不足为奇了。

（4）悖论的奇迹：这一段提出，保持悖论的张力可以帮助一个人深入理解矛盾的双方。行文已经有点类似《圣经》或者荣格的《红书》的神谕诗体，比如这句，"赢很好，输也很好；拥有很好，分给穷人也很好；自由很好，服从权威也很好（It is good to win; it is also good to lose. It is good to have; it is also good to give to the poor. Freedom is good; so is the acceptance of authority. ）"，这句话可以送给今日美国的民主党粉丝和共和党拥护者、可以送给准备新冷战的美俄各方、送给愤怒对骂的粉红网友和深绿网军，当然更应该穿越时空，回到一九五一年的朝鲜，送给战场上准备签订停战协议的中美双方、送给那年愤怒的麦克阿瑟将军。

　　当然，历史老人也不会忘记在一九五一年，地球另一边的瑞士人荣格，七十六岁的他，正在没有电灯、没有一百一十伏电压的古堡外，一边雕琢着石头，一边为自己新书《伊雍》的时运不济哀叹，虽然非二元哲学早在《红书》中就已经论述过，但是身边几乎没有几个人看得懂他的这本新书。此时在朝鲜的晴朗的夏日天空中，人们内心的阴影和外在的枪弹正

　　　　拥抱阴影：从荣格观点探索心灵的黑暗面

在激烈交互投射。和平的朗月正在等待夜晚的到来。

（5）爱与权力的悖论：约翰逊在这一节笔力回撤，再次回到了主题，写作了小小一段，这一段的主题可以用他的话概括为"权无爱变冷酷，爱无权则羸弱"，所以江山与美人，它们形成了悖论，但是并非尖锐对立的冲突，这句显然比荣格的另一句名言要成熟——"哪里有权力，哪里就没有爱情"（Where love rules, there is no will to power; and where power predominates, there love is lacking. The one is the shadow of the other.〔Jung, CW7, Par. 78〕）。荣格说这句话的时候，是一九一七年，那年他四十二岁，还没有认识到爱情与权力构成悖论，但是这两者不一定要冲突对立。

（6）阴影是通往悖论的入口：在这一部分，约翰逊终于点题，他总结说，一个人拥有阴影后，他就让阴影拥有了尊严和价值，所以拥有阴影是灵性修行的基础，人们需要把两极对立的冲突转化为矛盾统一的悖论。接纳了悖论后，人们就发现了比自我更加伟大和广阔的世界，当然也就是迈向了自性原型的世界。

在前两章阐述了众多理论后，第三章则提供了一个治疗手段，这就是神圣灵光（mandorla）图。荣格派对佛教文化中的曼陀罗、对西藏的唐卡大声称赞，但是很少有人注意到，其实基督教文化中的也有"灵光图"这样的曼陀罗。提出用灵光图开展疗愈，可以说是约翰逊的独门秘技。

这一章也分为三个部分，总结如下：

（1）灵光的疗愈本质：这部分论证了灵光图的疗愈原理，尤其是这里的灵光图：英国萨默塞特郡格拉斯顿伯里的圣杯很值得关注。Google 上可以找到的灵光图很多，但大多都是具体的人物图像，而作者提倡的显然是这种比较抽象空灵的灵光图。

（2）语言也是灵光：这一部分的内容远远超出其标题。他首先提出语言结构中包含着灵光图的结构，尤其是动词丰富的语言如汉语与希伯来语。这一部分让人不免想到了拉冈（Lacan），他也是首先强调语言的结构，然后曾经走向了拓扑图，拓扑图和灵光图显然是非常类似的。（沈志中，2019）

拥抱阴影：从荣格观点探索心灵的黑暗面

约翰逊接着指出这种灵光结构在舞蹈中也存在，难怪有荣格舞动治疗师这一流派。最后灵光体验居然和脉轮瑜伽联系上，他引用了马太福音的话，"你的眼睛若明亮，全身就光明（If thy eye be single, the whole body shall be filled with light.〔Matt. 6:22〕）"，[①] 我认为这和脉轮瑜伽中的第三只眼、第七脉轮有关。

　　（3）灵光的人性层面：约翰逊在这一节提出，灵光体验提供了容纳人类生活的容器，在足够的灵光体验后，人们还是要回到充满二元对立的俗世中。

　　本书在内容上，应该算是约翰逊本人的灵修体会，在文体上，则接近于从荣格到希尔曼（Hillman）的专业散文，和 APA 期刊的那种 SCI 文风大相径庭。对它的阅读，读者自己需具有一些修行体验，尤其是基督教的灵修体验。

　　阴影的工作是临床工作的基础，本文笔者不揣冒昧，提出以下扩展学习的建议。

---

① 《圣经》有各种版本，约翰逊此处引用来自詹姆斯国王版，中文世界流行的《圣经》多为国语和合本。

阴影整合的扩展学习资料简评

阴影整合，是自性化的第一道门槛。只有人格面具发展过度之人，才有必要进行阴影整合，才有能力进行阴影整合。这些人大多功成名就、面临中年危机。但是临床实践中不少个案，其治疗的主要目标是发展人格面具，也就是首先要适应社会、名利双收再说，这一类个案可能更加适合的疗法是辩证行为治疗（DBT）这样的疗法，在通过各种训练和技术后，能让心理功能中的四大功能达到辩证平衡的发展。（李孟潮，2016；Hudson, 1978；Jacobi, 1967）

在 DBT 治疗的中期，需要处理童年创伤，虽然它和精神分析的技术不同，但是本质上都是针对童年创伤历史留下的情结。英国儿童精神科医生、荣格分析家迈克尔·福特汉姆（Michael Fordham）在一九六五年的论文中提出，整合阴影要起步于分析童年，可以说打通了各流派的隔阂（Fordham, 1965）。荣格学派中，对阴影整合研究最深入的，当属康妮·茨威格（Connie Zweig），她主编了《遇见阴影：

人类精神黑暗面中的隐藏能量》（*Meeting the Shadow: the Hidden Power of the Dark Side of Human Psyche*）（Zweig & Abrams, 1991）一书，此书集合了六十五位各行各业专家，可谓群星荟萃。而且此书在编排上颇有功力，结构清晰、层次明了、范围广泛，是一本开阔眼界的好书。

她还写作了两本自助书籍，一本叫作《阴影的浪漫化》（*Romancing the Shadow: a Guide to Soul Work for a Vital Authentic Life*）（Zweig & Wolf, 1997），书名具有误导性，会让人误以为只是讨论爱情中的阴影，但实际上它包括了生活各方面的阴影，包括家庭、育儿、工作、友情等。

另一本名为《遇见灵性的阴影》（*Meeting the Shadow of Spirituality: the Hidden Power of Darkness on the Path*），此书专门论述人们在修行之路上的阴影投射，堪称修行者避坑指南。

在经典荣格派中，埃利希·诺伊曼（Erich Neumann）写作的《深度心理学与新道德》（*Depth Psychology and a New Ethic*），被认为是最早的专门研究阴影的作品，虽然这本书大部分在论述道德心理学，但其附录却有一章是讨论了阴影的临床意义。（Neumann, 1990/1949）

另外一位经典荣格分析师玛丽-路易丝·冯·法兰兹博士（Dr. Marie-Louise von Franz），也写了《童话中的阴影与邪恶：从荣格观点探索童话世界》一书，使用了众多童话来论述阴影问题的处理。（von Franz, 1974）

不过诺伊曼和法兰兹的书，应该归类为专业著作比较合适，虽然临床上有不少个案把它们当作自助书使用。

论述阴影最优系统的自助书籍，应该算是瑞士心理学家维雷娜·卡斯特（Verena Kast）所写的《人格阴影》（*Der Schatten in uns*）一书，卡斯特擅长写自助书，此书结构清晰，内容丰富，缺点是比较枯燥无味（Kast, 1990）。

另外一本自助书来自日本的河合隼雄，叫作《如影随形：影子现象学》（影の現象学），此书既适合自助，又适合分析师学习，它同样体现了河合的文风，深入浅出，有较多梦境和不少日本精神病学文献。

（河合隼雄，2000/1987）

初学者如果只想要略读一下荣格原著中有关阴影的篇章，那么高岚老师主编的《荣格文集第七卷：情结与阴影》则是不二之选，其选文比英文的类似选集要更加丰富，更加精要，而且把情结与阴影并提，也是比较有学术品味的做法。（〔瑞士〕荣格著，李北容、吴于群、杨丽筠译，高岚、张鳅原、游潇审校〔2014〕）

分析中能够接触到的最浅显的阴影，大概就是被压抑的自我心理功能，在这方面美国荣格分析师约翰·毕比（John Beebe）发明了一个他称之为毕比双十字模型，方便人们了解自己处于阴影状态的各种心理功能。（Beebe, 2007）

对于治疗师来说，更加深入的一个研究，是格罗斯贝克（Groesbeck）的论述，他阐述了治疗师如何通过了解自己处于阴影状态的心理功能，然后转化和发展这些功能，来调整治疗领域中的投射和认同。（Groesbeck, 1978）

中国文化的主流是家族主义，其阴影就体现在家族中的替罪羊现象和圣母现象。替罪羊在重男轻女的家族中特别明显，尤其是家族企业的女儿们深受其苦（Kirschner, 1992）。席薇亚·佩雷拉（Sylvia Brinton Perera）的作品《替罪羊情结》（*The Scapegoat Complex: Toward a Mythology of Shadow and Guilt*）能够从原型、宗教献祭角度来理解这一现象，简而言之，献祭行为丧失了神圣意义，就变成惊人的虐待和愚蠢的自虐。

圣母人格就是一种常见的自虐，变成了某些人骂人的用语，他们称呼一个人圣母，带有一定侮辱性，实在有点辜负此术语的深刻含义。德里弗（Driver）的论文则深刻分析了圣母原型与父性缺席、阴影投射、四相性的关系，尤其指出了荣格神性观的偏颇之处——他受天主教神性观影响，而没有对基督新教的神性观做深入研究。尤其对神性中的母性不太了解。（Driver, 2013）

家族中阴影投射之时往往也有嫉妒感和羞耻感堆积，这方面如果临床工作者想要深入研究，也可以参考哈巴克（Hubback）和西多利（Sidoli）的作品。

（Hubback, 1972；Sidoli, 1988）

荣格学派分析别人的阴影很在行，那么他是不是也分析自己的阴影呢？

当年荣格的自传出版后，一片叫好，自传中的荣格简直就是道教典籍中形容的"人仙"，他是荣格派弟子心中的红太阳。但是温尼科特（Winnicott）不吃这一套，他和迈克尔·福特汉姆（Michael Fordham）是好友，颇为了解红太阳的黑历史，所以他的书评不客气地分析了荣格的黑暗面，比如荣格应该是儿童精神分裂症患者，比如曼陀罗这种东西太完美而不真实。这篇论文引发了众多荣格分析师的回应，梅雷迪思 – 欧文（Meredith-Owen）论荣格阴影的一篇，颇有深度，挖掘了自性理论本身的阴暗面，自性化难道不可能是一种超级自恋吗？（Meredith-Owen, 2011）

斯坦顿·马兰（Stanton Marlan）对于炼金术的黑化颇有研究，他的著作《黑太阳：黑暗的艺术与炼金》（*The Black Sun: the Alchemy and Art of Darkness*）颇有功力，有精要的案例和配图，最后一章还讨论和无我与有我的辩证整合，书中有不少道教哲学理念。

（Stanton, 2005）

范妮·布鲁斯特（Fanny Brewster）也分析了荣格学派的阴暗面，她出版了《非裔美国人和荣格心理学：离开阴影》（*African American and Jungian Psychology: Leaving the Shadows*）一书，书中描述荣格本人存在对黑人的种族歧视，而荣格分析乃至精神分析的发源，是建立在美国文化的系统性种族歧视基础上。中国接触到的那个光明的美国，其实是美国的人格面具，了解一下其阴影，也有助于整合自身文化的阴影。（Brewster, 2017）

分析师和受训分析师们，很容易把阴影投射到培训组织中，在贝里–希尔曼（Berry-Hillman）的文章中，详细讨论了分析师培训过程中的阴影投射。（Berry-Hillman, 1981）

接触阴影的标准操作，当然是记录梦日记。就像荣格和弗洛伊德一样。但是细致考察荣格的生活后，我们发现，其实他还有另外一个方法接触阴影，那就是占卜和算命。他使用《易经》占卜，也使用过塔罗牌等其他占卜方式，算命则采用了西洋占星。

拥抱阴影：从荣格观点探索心灵的黑暗面

这方面也有一些著作，如荣格占星师与分析师丽兹·葛林（Liz Greene）专门有著作讨论土星对人的影响（Greene, 1976）。此书在占星师的圈子中几乎人手一册，不过它要求读者必须学会占星排盘。

与之遥相呼应的，是美国荣格分析师霍利斯（Hollis）的书《在萨图恩（土星）的阴影下：男人的伤口与疗愈》（*Under Saturns Shadow: The Wounding and Healing of Men*），也是研究土星之神萨图恩（Saturn）的书籍，但是重点在于男性的原型受伤。书中有不少观点发人深省，比如认为男性的暴力性来自男性被侵犯的人生。（Hollis, 1994）

瑞哈特（Reinhart）写了一本专门讨论凯龙星占星的著作《凯龙星：灵魂的创伤与疗愈》（*Chiron and the Healing Journey*），内容主要描述凯龙星有三大特性，即受伤、疗愈、伤人，是受伤疗愈者原型。荣格出生时，就是凯龙星在白羊座第一宫，据说这象征着此人从小就是一个受伤疗愈者。（Reinhart, 2009）

荣格似乎对占星有一种天生的好感，甚至用占星来作为自己共时性理论的证据，他的女儿之一也成了占星师。占星和塔罗，也是在临床中来访者们经常提到的工具，用此来作为命运的阴影基础，塔罗老师们当然也写了整合阴影的一些著作，这些书都可以拿来参考。（Jette, 2000）

荣格分析师们同样喜欢占卜，他们更偏爱《易经》，这部集历史、诗歌、思想于一身的中国《圣经》。约翰逊在本书中，理直气壮地引用了《易经》——"君子居其室，出其言，善则千里之外应之。"这是孔子注解《易经》中孚卦的话语。约翰逊引用这句话，是为了反驳有些人可能反对灵光图的使用，这些人认为灵修是个人的体验，不具备可操作的特性。他大概并不认为《圣经》与《易经》构成了尖锐冲突。

罗杰·塞欣斯（Roger Sessions）是一位美国牧师，同样不认为《圣经》与《易经》势不两立、水火不容。他提出《易经》六十四卦代表着六十四种原型，而所有《易经》的卦辞和爻辞，都被他改造为《圣经》的典故和名言。他使用《马太福音》中的耶稣驱鬼的故事，来讲解大畜卦。他指出在面对恶魔之时，耶稣的伟大力量，不在于臂膀粗壮，不在于欺凌贫苦，而在于目标坚定、自我约束和关爱众生，故而耶稣没有敌人，因其无有敌人，故可无敌于四海天下。所以是在讲述一个权力情结阴影的故事，也是整合权力与大爱的二元对立的故事。（Sessions, 2015）

大多数荣格分析师们看到的卫礼贤版本的《易经》，其实只是中国历史上多种《易经》的一种，它主要是用于教化民众，尤其是对周朝文武百官、皇亲国戚们开展道德教化。教化的目的，当然是为了处理官员们的阴影——权力情结。

中国古人如同塞欣斯，也是经常敢于创新创作，在经典的基础上重写经典，比如汉朝的焦延寿，就创作了《易林》一书，在记录大畜卦时，他写下"朝鲜之地，箕伯所保。宜人宜家，业处子孙。"的占卜之词。

这神秘的占卜之词，让人们搭上时空飞船，从二〇二三年起飞，穿越硝烟弥漫的一九五一年的朝鲜战场，回溯到三千年前，忧伤的箕子，无奈之下率众逃离故乡，他美丽的中原故土，在侄儿纣王的统治下，变成了一个极权主义的暴政政体。在中国与朝鲜史书中，他成为了朝鲜的建国先祖。朝鲜人建立了箕子陵，瞻仰纪念他上千年。直到三千年后的朝鲜战争，改变了历史文化的版图。志得意满的金日成将军，在一九五九年下令炸毁了箕子陵，一座年轻的公园开放在平壤的大地上。秋日夜空的一轮明月，静静地观察着红尘变迁，天若有情天亦老，月若无恨月长圆。（孙卫国，2008）

箕子成为朝鲜之王，有赖于他的另一个侄儿——周武王的册封，周武王是纣王的表弟，是纣王阴影投射的首要对象。据说他与箕子同样患有三千年后被列入DSM-5的疾病——箕子可能患有创伤后压力症候群或癔症，而周武王可能身患抑郁而终，和李贺同病相怜。

周武王似乎已经感受到，自己有可能会被胜利的阴影吞食，故而求教于箕子有关治国方略，这番对话被记载于《尚书·洪范》，其中详细论述了如何进行政治决策——在君臣协商的同时，还要使用占卜，包括龟甲占卜和《易经》占卜。

三千年后的政治哲学家赵汀阳，研习此文后大

受启发，认为箕子民主是一种非常先进的民主决策制度，他命名为"知识加权民主模式"。（赵汀阳，2017，2021）

据说箕子是唯一一位被《周易》记载的古人，记载他的爻辞是"明夷"卦，此卦大多被理解为光明受到了伤害，是一个黑暗的受伤疗愈者之卦，类似凯龙星在西方占星中的位置。（梁韦弦，2009；武树臣，2011；张大芝，1982）

结语

三千年前的商周古人，一九四六年在BBC诅咒纳粹的荣格，还有今天的我们，昨天的我们的前辈，都受困于权力情结，都面临整合权力阴影的任务和使命。

和赵汀阳类似，美国人舒尔特里姆·艾莉恩（Tsutrim Allione），也号召大家向古人学习整合阴影的功夫，在其书《喂养你的心魔：融解内心冲突的古代智慧》（*Feeding Your Demons: Ancient Wisdom for Resolving Inner Conflict*）最后一章，她指出了存在公司和国际政治中的权力心魔，都可以用她的"喂养心魔法"。美传佛教的大德居士，临床心理师杰克·康菲尔德（Jack Kornfield）称赞此书是荣格做梦都想要写的书。这本书的确是非常别致的一本整合阴影的手册，它把古代西藏的诀法改装成了一套积极想象技术，我的几位来访者使用后，在生活中发生了共时性事件，比如身体疾病缓解等。其诀窍在于一个人和心魔展开充分的积极想象对话后，自己变身为一勺蜂蜜，喂养受困于各种情结的心魔。（Allione, 2008）

而古代版本的诀法，则异常地勇猛和惨烈，修行者召唤各种魔鬼，以及佛祖护法，然后跳出自己身体，将其抛洒到无垠的宇宙中，供养无数平行宇宙的无数生命，血月清辉下，悠扬的金刚歌响起——"无生，却不断延续，无来亦无去，无所不在……无限开展，穿透一切处，无际、无垠、无所束缚……"，一切的二元对立都被整合，生本能 vs 死本能，自体 vs 客体，意识 vs 无意识，民主 vs 威权，中国 vs 美国，权力 vs 爱情，男性 vs 女性——"光耀如日月，安定如山丘……纯净如莲，强壮如狮，无比喜乐，超越一切限制，光照平等。本初即已圆满。"

|目录|

导论

　　据说荣格最喜欢的故事是这样：生命之水希望在地球表面上为人所知，于是以自流井的方式涌出，轻松自在地流着。因为生命之水纯净且充满活力，人们饮用了神奇的水，受到滋养，但并不满足于这乐园般的状况，一步一步，他们开始把这口井围起来，收取费用，宣称自己拥有周围的土地，制定夸张的法律规定谁可以使用这口井，并将门栏上锁。这口井很快地变成了权贵人士的财产。生命之水因为受到侵犯深感愤怒，于是不再从井里涌出，改从另一个地方涌出。拥有第一口井周围土地的人太沉迷于自己的权力系统与所有权，没有注意到生命之水已经不再涌出，继续贩卖不存在的水，几乎没有人发现真正的力量已逝。

但有些不满足的人抱持着巨大的勇气去追寻，因此找到了新的自流井。没多久，附近的地主也将这口井占为己有，同样的命运再次发生。生命之水又跑到下一个地方。相同的历史事件总是不断重演。

这是非常悲伤的故事，荣格特别有感触，因为他从故事中看到基本的真理竟然可以如此遭到误用、颠倒，变成自我中心的玩物。在现实世界中，科学、艺术，尤其是心理学，不断经历这种黑暗痛苦的过程。但故事的神奇之处在于，生命之水永远会从某个地方流出来，聪明、拥有巨大勇气的人永远能够找到这股流动的活水。

人类通常用水来象征最深层的精神滋养。这口井忠于职守，一如既往，随着历史从过去一直流到现在，不过也会出现在反常的地点。生命之水常常从大家熟悉的地方消失，然后在最不可能的地方冒出来。但是，感谢神，水一直都在。

在本书中，我们会探讨最近生命之水从哪些反常的地方冒出来。一直以来，生命之水不收费、常保新鲜，永远呈现出活水流动的样貌。最大的问题在于，水总是从人们没有想过的地方冒出来。这就是圣经中的说法："拿撒勒能有什么好处吗？"对我们来说，拿撒勒是圣地，是救世主的诞生地。但在圣经时代，拿撒勒是贫民区，是最不可能发现圣灵显现的地方。许多人找不到神所恩赐的活水，因为他们不知道会出现在不寻常的地方；活水很有可能会再次在拿撒勒出现，然后和之前一样遭到忽略。

其中一个没有想过的地方就是我们自己的阴影，人格中所有遭到我们舍弃的特质都丢到这个地方。在之后的讨论中我们会看到，这些遭丢弃的部分其实极为珍贵，不应该被我们忽视。就和活水一样，我们不用付出什么代价来获得阴影——虽然有时它会让我们尴尬，并且是随时随地、随手可及的。尊重并接受自己的阴影，是极为深刻的灵性修炼。这不但是整体圆满而神圣的，也是人生中最重要的体验。

拥抱阴影
从荣格观点探索心灵的黑暗面

Owning Your Own Shadow:
Understanding the Dark Side of the Psyche

| 第一章 |

阴影

阴影，这个总像爬虫类尾巴一样跟随我们，在心理世界中紧紧追逐我们不放的奇特暗黑元素，究竟是什么呢？在现代的心灵运作中，阴影究竟扮演什么角色？

　　人格面具是我们想要成为的样子，也是我们想要让世界看到的样子。它是我们心灵的伪装，是真实自己与环境之间的媒介，是我们营造出来让他人看见的形象。自我（ego）是指我们已经意识到的自己真实的样子。阴影则是我们没看见或不知道的自己。[①]

阴影的起源

　　我们出生时是个整体，也希望死亡时是整体。但在发展初期，我们吃了美好的知识之果，一切就划分出善恶好坏，阴影也开始逐渐形成，由此我们也分离

---

① 荣格在早期论述中使用的阴影，是这里所描述的广义定义，后来"阴影"一词专指我们性别中失落的特质。本书中的阴影是指广义定义的阴影。

了自己的生命。在文化发展的过程中，我们将天赋特质分成社会容许与不容许的两类。这是个美好且必要的动作，如果没有好坏的分辨，就不会有文明的行为。但被拒绝与不容许的部分并不会消失，它们只是集结在我们人格中的黑暗角落。等到潜伏的时间够久，便会拥有自己的生命，也就是阴影人生。阴影是没有以适当方式进入意识的部分，是我们的生命中受到厌恶的部分，通常拥有与自我近乎相等的能量。如果阴影累积了比自我更多的能量，就会以极度愤怒或不检点的方式爆发出来，或是呈现为抑郁，以及经历背后另有原因的意外。那些具有自主性阴影特质的人，在精神病院中会表现得像可怕的怪兽。

　　人类最伟大的成就，亦即文明发展的过程，包含了剔除有危险的特质，也就是会阻碍我们的理想顺利达成的特质。没有经过这个历程的人都是"原始人"，无法在文明社会中找到立足之地。我们出生时是个整体，但不知为何，文化要求我们仅仅活出某些本性，泯灭遗传下来的其他本性。由于文化坚持我们的行为要依循某种特定的模式，我们便把自己分离成自我与阴影。这就是人类在伊甸园吃了智慧之果后产生的久远影响。文化带走了我们内在质朴的人性，但赋予我们更加复杂而精巧的力量。当然，人们可以提出一个有力的论点：孩子不该太早经历这样的分离，不然就是剥夺了他们的童年，我们应该允许他们留在伊甸园里，等到他们坚强得足以忍受文化的进程，而不至于遭受伤害。每个人获得这股力量的年纪都不相同，需要仔细地观察才会知道孩子是否准备好适应社会的集体生活。

到世界各地去观察各种文化是如何区分自我与阴影，这是一件相当有趣的事。从这里可以很清楚地看到，文化是一种人为影响的架构，却又是绝对必要的。譬如开车，有的国家是左驾，有的国家是右驾。在西方，男性可以在街上和女性牵手，却不会和另一名男性牵手；在印度，男性会和男性朋友牵手，却不会和女性牵手。在西方，正式或宗教场合必须穿鞋表示尊重。在东方，到寺庙或是别人家里却不可以穿鞋进去。如果穿着鞋子进入印度的寺庙，会被赶出去，要你学好规矩再回来。中东地方的人吃完饭的时候，打嗝是表示满足，在西方这样做却被认为很没有礼貌。

分类的过程相当随意。举例来说，对某些社会来说，个体性是优秀的特质，但对其他社会来说，却是极大的罪恶。在中东地区，无私是美德。伟大的画家或诗人的学生，常常用老师的名字发表作品，而不是自己的名字。在我所处的文化中，则是希望自己能够越出名越好。现代社会急速扩张的通信网路，缩短了我们彼此之间的距离，但对立观点的碰撞冲击也造成了危险。一个文化的阴影，会是造成另一个文化混乱的打火石。

令人震惊的是，有些非常美好的特质居然会被划分到阴影的领域。一般来说，标准是普通、平凡的特质，只要低于标准都属于阴影。但标准之上的部分，也可能被划分到阴影的领域！我们的人格中一些纯粹而珍贵的部分会归入阴影之中，这是因为在文化的衡量架构下，它们无处可以容身。

有趣的是，比起隐藏自己的黑暗面，一般人更排斥阴影中崇高的部分。把躲藏在柜子里的骷髅拉出来反而容易一些，但拥抱阴影中的黄金却让人恐惧万分。发现自己人格里的高尚成分，竟然比发现自己是个窝囊废更让人感到混乱。你当然可能是既高尚又卑微，但通常不会同时发现自己具有这两种相反的特质。阴影中的黄金本该与更高层次的召唤相关，但是在人生的某个特定阶段，那会让我们很难接受。

而忽视黄金和忽视心灵的黑暗面一样具有破坏力，有些人在学会如何淘选出黄金之前，会承受极大的痛苦或磨难。的确，我们可能需要这种强烈的经验，才会明白自己很重要的一部分仍在沉睡或是没有好好发挥。在部落文化中，萨满或疗愈者常在历经病痛之后得到治愈自己需要的洞察力，然后将智慧带给族人。现代人的状况也常是如此。我们现在仍然依循受伤疗愈者（the wounded healers）的原型开展活动，也就是说，他们学会如何治疗自己，并从自身的经验中找到黄金。

不管我们的源头来自哪里，或是成长于哪种文化，到了成年期，都会发展出清楚定义的自我与阴影、对与错的系统，以及在两边的摆荡中取得平衡的方法。① 宗教的过程包括了要恢复人格的完整性。宗教，religion 意思是重新连结、重新拼凑回来，疗愈分离的伤口。我们绝对需要在文化发展的过程中，从动物的状态回到自我，而在灵性发展上，将我们分崩离析的疏离世界重新聚合恢复，也是同等重要的。

这就清楚地告诉我们，阴影必须存在，不然文化就不会诞生；然后，我们必须恢复那些在标准的文化理想中失去的人格整体性，否则就会活在一种分离状态中，让进化的路途愈走愈痛苦。一般来说，人生的前半部分会专注于文化进程：学习技能、建立家庭，用一百种不同的方法让自己养成规则；后半生则会专注于恢复人生的整体性（神圣化）。也许有人会抱怨，这只是毫无意义地绕了一圈回到原点而已，唯一的差别就是最后的整体性是有意识的，而一开始的整体性

---

① 在所有文化中，"自我"与"对"都被当成同义词，而"阴影"与"错"则是另一组同义词。能够清楚分辨对错，并做出适宜决定的能力，这是极为强大的文化力量。这就是文化的"正义"，非常实际有效，但又不知变通。中世纪的异端审判，通常是断定一个人有罪后，把他或她送上火刑台，这样的决定背后必须要有不可置疑的基础支持。西方心灵讲求的个体性与自由信念，更强调了这种一面倒的态度。狂热主义往往彰显出尚未表现在意识中的、无意识的不确定性。

则是无意识且幼稚的。演化虽然看起来像是做了无用功，其实所有的痛苦与磨难都是值得的。唯一的灾难只可能是在过程中迷失自我，找不到完成的终点。不幸的是，许多西方人正好受困在这个难以解决的问题中。

平衡文化与阴影

将人格想象成跷跷板，是一种很方便的比喻。所谓的涵化（acculturation），就是将天赋特质加以分类，把自己可以接受的部分放在跷跷板的右边，离经叛道的部分放在左边。我们必须严守的规则是，绝对不能舍弃任何一项特质，只能将它们移动到跷跷板上的不同位置。

有教养的人，会把大家喜欢的特质放在右边（正确的那边）并在现实中表现出来，而把禁忌的特质藏在左边。我们所有的特质都必须罗列在这份清单上，没有一项会被舍弃。

还有另一项很少人知道、却必须遵守的可怕规则，这就是我们的文化选择几乎完全忽略的是，如果个人想要保持平衡状态，那么跷跷板也必须保持平衡。要是过于沉迷右边的特质，就必须在左边放上相等的重量才能平衡，反之亦然。若不遵守这项规则，跷跷板就会倾向一边，我们也会因此失去平衡。这就是为什么有人会做出与自己平常行为完全相反的事，像是喝了酒的人突然大哭大闹，或是原本保守严谨的人突然抛开一切规矩，这些都是因为跷跷板倾斜了，所以只好用跷跷板另一边的特质来弥补，但其实无法持久。

另外，如果超载的话，跷跷板也可能在支点的位置断掉，造成感觉失调或崩溃，许多俚语都能够精准地描述这样的状况。虽然维持跷跷板的平衡和完整，会耗费非常多的能量，我们却必须这样做。心灵保持平衡的精确程度，就像身体保持体温、酸碱值，以及许多其他精细的极性平衡一样。我们对这些生理上的平衡习以为常，但却很少认识到相对的心理平衡。

中世纪有一件泥金装饰手抄本，生动地传递给我们这方面的信息。图中有一棵充满艺术感的知识之树，结了金黄的果实，从亚当的肚脐长出来。亚当看起来有点困，好像完全不知道自己身上长出什么。两名女性站在树旁。圣母玛利亚在左边，一身修女打扮，从树上摘下果实，递给那些排队悔过、想要获得救赎的人。夏娃则全身赤裸站在右边，也从同一棵树上摘下果实，递给那些排队准备接受惩罚的人。在此，对于这棵产出具有双面性果实的树有着生动的描述。真是一棵奇怪的树！我们从这棵金黄的树上摘下创造的果实的同时，也摘下毁灭的果实。我们其实非常抗拒这样的景象！我们希望拥有创造而不要毁灭，但这是不可能的事。[①]

我很遗憾，目前一般人抱持的态度，是最好能让跷跷板的右边，也就是好的那一边，装满了圣与善。神圣性被描绘成完人的形象，能够把一切都转化成人格中完美的一面。这样的状况一点都不稳定，可能随时翻船。平衡会被打破，让生活过不下去。

支点，或者说中心点，是整体性（神圣性）的所在。我同意我们必须运用良善一方精炼后的特质与外在世界连结，但同时要顾及左右两边的平衡才可以。基本上，我们必须在社会上藏起自己的黑暗面，不然

[①] 该图出处: Tree of Life and Death. Miniature by Berthold Furtmeyer, from Archbi-shop of Salzburg's missal, 1481. (《生与死之树》，柏特霍德·福特米尔〔Berthold Furtmeyer〕的细密画，收录于萨尔斯堡大主教弥撒经书，1481年出版）

生与死之树

就会让人感到厌恶，但我们绝不能连自己都隐瞒。真正的神圣，或说个人影响力，必须要站在跷跷板的中心点，创造出能够平衡两边的事物。这和我们心目中所设定的那种理想的良善一面完全不同。

当然我们拥有阴影！圣奥古斯丁在《上帝之城》（*The City of God*）一书中大声宣告："行动就是罪。"创造的同时也是在破坏。我们在产生光明的同时，一定也会产生相对应的黑暗。印度有创造之神梵天，有破坏之神湿婆，毗湿奴则坐在中间，连结对立的两端，保持平衡。没有人能够逃避生命的黑暗面，但我们可以聪明地运用黑暗面。圣安东尼为他的荣福直观付出代价，必须忍耐夜晚的恐惧景象，看着邪恶不断出现在自己面前。他承受相反两边之间的张力，最后获得真正可以称为"成圣"的最高洞察力。光明与黑暗的平衡绝对可能存在，而且能够承受。所有的生物都活在两极之间，光与暗、创造与毁灭、上与下、男与女。① 因此在我们的心理架构中可以发现同样的基

---

① 我们的语言已经失去用非常崇高的词汇来讨论黑暗、毁灭等位于上述相对词组中后者语汇的能力。人类哲学因为使用的语言而失去平衡。我们要如何描述黑暗，才能赋予其与光明同等的尊严与价值？

　　　　　　　拥抱阴影：从荣格观点探索心灵的黑暗面

础运作原则，也就不那么令人意外了。德文有个词"doppelg änger"，意思是一个人的镜像、一个人的反面。歌德有天晚上在回家路上看到了自己的镜像，也就是存在于人格中的另一个自己，因此深受启发。几乎没有什么人能够如此鲜明地与自己的阴影面对面，但不管有没有察觉，我们心灵的孪生两面性会始终跟随在身边。

大多数人以为自己是家中唯一的主人。要觉察并拥抱自己的阴影，是承认自己有着更多这个世界通常没有看见的部分。荣格是这么描述第一次直觉感受到心灵"另一个自己"的存在的：

我做了一个梦，吓坏了我，也鼓舞了我。梦中，我身处某个不知名的地方，黑夜笼罩，我顶着强劲的大风缓慢而痛苦地前行。浓雾四起，我把双手做成杯状来护一盏随时可能熄灭的小灯。一切均取决于能否保住它不灭。突然之间，我觉得背后有个东西正向我走近。我回过头去，看见一个硕大无比的黑影跟在我后面。尽管我吓坏了，但仍清醒地意识到，即使有危险，我一定得保住这盏小灯，以度过这个狂风之夜。醒过来后，我立刻意识到那个黑影是我自己的影子，在小灯的照射下，投影在飞旋的浓雾上。我知道这盏小灯就是我的意识，我的唯一一盏灯。与黑暗的力量相比，这盏灯虽然小而脆弱，但它仍是一盏灯，我唯一的灯。

——荣格，《荣格自传：回忆·梦·思考》

荣格在高度精练的教育中成长，在严谨的瑞士清教徒家庭中度过童年，长大后接受了纪律严谨的医学训练。长时间集中精神的习性，让他拥有了非常专注的人格，但代价则是忽略了他梦中出现的那些黑暗、原始的部分。我们的意识人格越是精纯，就会在另一面建构出越多的阴影。

这是荣格最伟大的洞见之一：自我与阴影来自同一个本源，准确地相互平衡。创造出光就会创造出阴影，两者相依共存。

要拥有自己的阴影，就是来到内在中心这个无法用别的方式抵达的神圣之地。如果做不到，那么就无法成圣，也无法了解人生的目的。

印度用这三个词来描述神圣之地：萨他（sat）、赤他（chit）、阿南达（ananda）。萨他是生命的存在（大部分属于平衡的左边）；赤他是理想的能力（大部分属于平衡的右边）；阿南达则是启蒙的幸福、喜悦、极乐——跷跷板的支点。萨他与赤他搭配在一起，具有充分的意识，然后生命的喜悦，阿南达因此诞生。拥有自己的阴影就能得到这样的成果。如果我们一切行为的出发点都是来自右边，就会在知情之下或不知不觉地以来自左边的行为加以平衡。我们甚至不需要转头四顾，便会知道自己已经创造出同等分量的黑暗。这就是为什么有这么多的艺术家在私生活方面都一团糟。然而，还有更宽广的创造力，能够在作品中容纳这些黑暗，并且在阴影中找到圆满。这是纯粹的天生才能，拥有整体、健康与神圣的特质。这里讨论的神圣是最原始的定义：对我们自己的人性的纯粹拥抱，不只是单方面不具活力或生命的善。

最近有位朋友问我，为什么这么多具有创造力的人生活会如此凄惨？历史上充满各式各样关于伟人骇人听闻、古怪异常的行为故事。褊狭的创造力总是伴随着阴影，而更广阔的才华会召唤出更多的黑暗面。比如作曲家舒曼最后疯了，全世界都知道毕加索人生最黑暗的一面，我们也常听到一些天才具有一些不寻常的习惯。虽然这些拥有强大才能的人看起来遭到很多苦难，但我们每个人依然需要觉察到如何使用自己的创造力，以及与之伴随而来的阴影。创造艺术作品、赞美他人、提供帮助、美化住家、保护家庭，这些行为会在跷跷板的另一边产生同等重量，但也可能导致我们犯罪。我们无法抗拒自己的创造力，或是不用这种方式来表达自己，但我们可以留意这种动能状态，有意识地通过一些行为来弥补、平衡自己的黑暗面。

玛丽-路薏丝·冯·法兰兹博士（Dr. Marie-Louise von Franz）与芭芭拉·汉纳（Barbara Hannah）一起住在瑞士屈斯纳赫特的一栋房子里，她们有个习惯，就是如果哪个人特别好运，就要负责倒当周的垃圾。这是个简单但很有力量的行动。从象征手法上来说，她们是在释放正面事物的阴影面。荣格常常这样和朋友打招呼："最近有没有获得什么可怕的成就？"

因为他也很清楚光明与黑暗之间只有一线之隔。

记得有个周末，我耐住性子招待几个在我家中待了好多天的挑剔客人，并以绝佳的耐心与礼貌应对他们苛刻的要求。在他们离开后，我松了一大口气。完成这么完美的工作，我觉得自己值得一点奖励，就去了苗圃，想为我的花园增添一些美丽的植物。但是，就在我还没弄清楚怎么回事之前，我已经和苗圃的人打起来，弄得到处挂彩、凄惨无比。现在想来，或许是我没能有意识地去照顾自己的阴影，而直接把阴影丢到这个可怜的陌生人身上。虽然我的内心达成了平衡，但却是非常笨拙而愚蠢的。

许多女性因为承担了男性创造力的黑暗面而牺牲受苦；许多男性因为背负着伴随女性创造力产生的黑暗面而感到消耗殆尽。最糟糕的是，孩子通常必须担负父母创造力的黑暗面。俗话说，政府高官的孩子难以相处，富裕人家的孩子则容易陷入毫无意义的生活，指的就是这个。

除此之外，我们也会因为文化的发明遇到一些麻烦。我们活在历史上最具创意的世纪，科技发达、旅游便利，崭新的自由让我们脱离劳累的人生。学者估计，在一个普通的家庭中，需要二十八名仆人才能做好大部分的家事。真是个物质丰富的美好年代！但阴影也无可避免地，以无聊与寂寞的方式呈现，刚好和我们所建立的这个社会完全相反。从全球的角度来说，我们不断升级战争与政治冲突，以实现对于乌托邦和美丽新世界的愿景。想要维持现代社会的高度创造力，我们就必须承认伴随而来的阴影，并以有智慧的方式去处理维护它。

那么，我们如何能在不造成相同程度的破坏之下，创造出美丽或良善的事物呢？其实，只要我们认可了现实的另一面，就有可能实践理想、使出全力、宽容有礼、工作出色，过着优雅文明的生活。

我们的无意识无法分辨"现实"行为与象征行为的差别。这代表我们可以追求善与美，然后用象征的方式释放黑暗，这让我们能够好好维持平衡的左边。基督教信仰认为，如果可以在日落或至少在安息日前做到这一点，便能保有内在的和谐。

举例来说：如果我在接待完难搞的客人之后，好好处理维护我的阴影，就不会把阴影丢到毫无戒备的陌生人身上。我必须尊重我的阴影，因为这是我整体的一部分，但是我不需要把阴影强加在别人身上。在客人离开后，一个五分钟的小仪式或是承认自己阴影的存在，就能够满足它，并保护我的周遭环境不会受到黑暗的侵蚀。

有时候阴影会突然出现在工作中。比如，我竭尽所能、认真努力地让我的讲课与著作展现出最佳成果，如果不自我约束，有规划地进行，它们就会每况愈下。但有时候，刚好所有糟糕的事一起发生，导致我的阴影活跃起来。此时我尽可能地忽视阴影，当它偶尔闪现后，我会感到分外羞耻。但是，如果我逃避阴影，任它留在无意识层面，不用智慧的方式去处理，之后还是会付出糟糕至极的代价。如果我没有尽快扭转失衡现象，可能会口出恶言，显现出我人格的劣根性，或是陷入沮丧的深渊。不论是聪明或愚蠢的方式，阴影都会用某种形式讨回来。

所以这代表我必须兼具创造与毁灭，既是光明也是黑暗吗？没错，不过我多少可以控制要如何或在哪一方面付出黑暗的代价。我可以在完成创意之举后，接着进行一些仪式或动作，达到平衡。最好能够在独处时完成，不要伤害到周遭环境或身边的人。我可以写一些愤怒狂暴没什么意义的短篇故事（不需要思考太多角色设定，因为跷跷板的另一边已经开始行动），或是进行积极想象，[①]以尊重黑暗面。这些象征性行为可以平衡我的生活，不会造成破坏，或是伤害任何人。许多宗教仪式都是设计来维持左手边的平衡，发挥代偿的功用。

天主教弥撒正是平衡我们文化生活的杰作。如果鼓起勇气去观察，就会发现人们在做弥撒的过程倾倒了最黑暗的元素：乱伦、背叛、拒绝、折磨、死亡，还有许多更糟糕的。但直到能够尽可能生动地描绘出黑暗面，这些元素才能够带来天启。如果我们抱持着高度觉察参与弥撒，会因为感受到恐怖而颤抖，也会因为弥撒的平衡效果而获得救赎。如今，弥撒已经过度现代化，符合了文化过程，却失去了许多原有的功

---

① 参考作者的另一著作《与内在对话：梦境·积极想象·自我转化》中对此技巧的说明。

效。任何人在做弥撒时都应该要脸色惨白、满怀恐惧。[①]十字架，基督教的中心象征，是一座中央有两根轴辊交叉的双重跷跷板，这个架构除了平衡左右之外，也平衡了高低。一个人如果能尊崇十字架代表的平衡与包容，就会是真正的"宽容、包涵"（意味"整体"或"完整"），也就是兼容并蓄的境界。这个词汇不该只限于宗教上狭义的解释，而是需要恢复其原本宽广的定义，如此才能提供最美好的启示。

西方基督教自身的不平衡呈现在十字架上，其中一轴较另一轴长。在现实中，我们重视灵性元素多于大地、阴性与感觉的元素，因此会在无意识中让十字架朝下的部分大于另外三边，作为代偿。希腊东正教对这点的了解更深入，使用的是两轴等长的十字架。

西方十字架会演变成现在的形式有其缘由。相较现在，基督教形成的那个时候，生活中大地与阴性元素的存在，拥有更大的空间。多数人从井中取水，交

---

① 弥撒的升华平衡效果已大不如前，现在只好仰赖一些效果没那么好的方式。恐怖电影、黑帮史诗、暴力事件、花哨或震惊的新闻标题、侦探谋杀小说的盛行，一切都是为了平衡我们高度的生产力与创造力。但是与古老文化的精致艺术相较，这些元素实在过于粗糙。

通往来是徒步或骑乘动物，辛勤耕地并收获作物。他们听从自然与性的支配。基督教想要着重较不为人知的灵性生活面，这对于靠土地吃饭的人来说是正确的做法。但现今的状况刚好相反。我们可能好几个礼拜都没机会赤足踩在土地上，都市人的生活也与种植作物无关。纽约市一家酪农公司的高层发现，大多数的可怜儿童竟然不知道牛奶从哪里来，于是设计了一个携带式的小型挤乳器，到各地学校示范挤牛奶的过程。

对现代人来说，神学也必须画出新的重点。原本的基本律法仍然适用，但我们需要不同的方式来达到整体的境界、平衡我们自己。理想状态的十字架是等长的，但当我们检视这种微妙的关系时，会根据不同的情况（男性与女性的角度可能不同）和年龄，因人而调整。不管我们在哪里找到真正的自己，都需要尊重生命中藏身于阴影的部分，恢复我们遗忘或忽视的特质。

拒绝自己本性中的黑暗面，反倒会储存或累积黑暗，之后可能以郁闷的情绪、身心疾病，或无意识挑起的意外等形式出现。整个社会崇拜光明面、拒绝黑暗面，目前我们面对的正是因此累积而生的种种黑暗现象，诸如战争、经济混乱、罢工、种族歧视。任一报纸的头版都会让我们面对集体阴影的冲击。不管喜不喜欢，我们都必须成为整体。唯一的选择是，有意识地带着尊重，或是通过精神官能的行为，把阴影整合进来。萧伯纳说，唯一能够取代折磨的只有艺术，意思是我们可以运用自己的创造力（以仪式或象征的方式）。

我们必须从那些有洞见和勇气来包容自身阴影的人开始，来修复这个分崩离析的世界。在人类内在投射机制的强力作用下，"外在的"事物其实帮不上忙。现代人心灵最危险的部分，就是以为自己的阴影属于"外在"——在邻居身上，在其他种族或是其他文化身上。

这样的倾向在二十世纪造成了两次毁灭性的战争，并对现代世界的所有美好成就带来破坏性的威胁。我们都痛恨战争，却又集体朝着战争而去。这种混乱并不是来自这个世界有什么怪物，而是我们每个人都有所贡献的集体阴影所造成的。我们从第二次世界大战可以看到无数阴影投射的例子。世界上最文明国家之一德国，愚蠢地将恶毒的阴影投射在犹太民族身上。人类历史未曾见过这么悲惨的灾难，但我们仍天真地以为自己克服了问题。一九九〇年代初期，柏林围墙倒塌，开启了与苏联新的关系，人类进入短暂的幸福时期，相信自己已经脱离黑暗的日子。在多年冷战之后，美国与苏联之间的阴影投射消退，真可说是奇迹。然而人类的创造力还有更进一步的用途：我们会在无意识中收集这种关系所释放的能量，将阴影放到别的地方！

才几个月过去，人类面临了另一个困顿的局面，背后有着可怕的科技力量在推动。美国介入海湾战争，人类再一次看到原始心理的兴起：对立的两边都将妖魔鬼怪的形象投射在对方身上。这样的行为，加上核武的威胁，让这个世界实在难以承受。是否有任何方法得以阻止这种阴影互相对立的毁灭性战争？

西方坚信，即使只有少数人达到整体的境界，整个世界都能得救。圣经中，神承诺，只要能在所多玛与蛾摩拉找到十位义人，两个城市都能获得赦免不遭毁灭。我们可以拿掉这个故事的历史背景，将之应用在自己的内在之城里。阴影工作也许是帮助外在城市——让世界更加平衡的唯一方法。

有句可怕的谚语说，每一个时代都应该发生战争，让年轻人尝到战场的鲜血与混乱。军人在我们的社会上地位崇高，只要看到阅兵、听到军乐，不论老少，任何一个男性都会感到热血沸腾。即使像我这样有意识地质疑战争及其在文明社会中扮演的角色，也无法对这种热血沸腾的感觉免疫。一个寒冷的夜晚，我在斯特拉斯堡看到法国外籍兵团特遣队走在街上，穿着迷彩军服，团结一致、精神抖擞地唱着歌，我当时想，我愿意付出任何代价来加入他们。我自己的阴影现身，就在这一刻，奔腾热血完全凌驾于理智与思考之上。

一整个时代可以过着现代文明的生活，不需要接触到什么阴影特质的层面。但可预期的是，这段时间大概只有二十年左右，之后，未曾发展的阴影就会爆发，带来没有人想要的战争，我们每个人，不分男女，都曾投入这股战争能量的积累中。显然地，对于展现阴影的集体需求，取代了个人包容黑暗面的决心，因此，有纪律、有创意的年代，后面总是跟着惊涛骇浪的大灭绝。当然有更好的方法处理阴影，只不过在这些方法成为常识之前，我们还得承受这些以最强破坏力形态呈现的爆发。

荣格指出，成熟而有纪律的社会，才会发生第一次与第二次世界大战那样漫长又复杂的战争。他认为原始族群打了几个星期的仗就会累了回家了，他们的生活比较平衡，不像我们远离中心、往外探索，所以不会累积庞大的阴影。是我们这些文明人让战争高度发展起来。因此，文明越昌盛，就越容易造成自我毁灭。神允许演化迅速进展，让我们每个人都能拾起自己的黑暗面，与我们努力获得的光明面结合，产生比两者对立更好的事物——这才是真正的神圣。

投射的阴影

如果无法有意识并尊重地让平衡左侧的阴影呈现出来，会发生什么事呢？

除非我们保持觉知状态，不然阴影会永远投射出去。也就是说，阴影会刚好落在别人或别的事情上面，让我们不用负起责任：这是五百年前的处理方式，而我们大多数人现在仍卡在这种中世纪的意识中。中世纪的世界立足于阴影的相互投射。中世纪社会是靠着堡垒心态、盔甲城寨、武力夺取、男性对女性的绝对所有权、皇家赞助,以及城邦之间的互相围堵而发展起来。中世纪社会几乎完全由男权价值所掌控。甚至教会也参与了阴影政治的部分。只有我们称之为圣人的个体(不是每一个都为人知晓或拥有名号)、本笃会修道院,以及一些秘密结社避开了这种投射游戏。

如今,所有的产业都是为了让我们能够包容自己的阴影而生。电影工业、时装设计与小说提供了能够投射我们自身阴影的简单途径。报纸让我们每天都会接触到灾难、犯罪与恐惧,用这些外在的事物喂养我们的阴影本质,而非原本要靠我们每个人将阴影内化成自己完整人格的一部分。将自己的黑暗面投射在外在事物时,我们的人格就无法完整。但投射总是会比同化来得容易。

人类的黑历史在于:人们强迫他人替自己背负阴影。男性将阴影加诸于女性身上、白人对黑人、旧教对新教、资本主义对共产主义、回教徒对印度教徒。社区的居民会寻找一个家庭作代罪羔羊,让他们背负整个群体的阴影。事实上,每个群体都会无意识地设定其中一名成员作为代罪羔羊,让他背负起整个群体的黑暗,这是从文化初始就不断发生的事。每年，阿兹特克人会挑选一对年轻男女来背负阴影，并进行活人献祭。

"魔神仔"（bogey）一词的由来十分有趣：在古印度，每个村落都会选出一个人担任"魔神仔"。到了年底，这个人会遭到宰杀，借此让他带走村落所有的罪恶。人们对此献祭心存感谢，于是被选为鬼怪的这个人在受死前，都不需要做任何工作，还能想要什么就有什么。他被看作是来生世界的代表。因为魔神仔身上集中了集体阴影的力量，所以非常强大，所有人都害怕。不管是印度还是西方世界，我们到现在都还流传着这种威胁："如果不乖的话，魔神仔会把你抓走！"这就是用生命的黑暗面吓唬小孩要乖的方法。

旧约圣经中有许多用献祭来驱逐民族阴影（原罪）的例子。当然，我们可以这么说：古文明与中世纪的人能通过将阴影投射到敌人身上来处理阴影。但现代人不能继续使用这种危险的方法。意识的演化需要我们整合阴影，才能创造新世纪。这是个非常精彩的主题，但阴影通常是以卑微、世俗的方式呈现。我有个朋友，他的父亲是退休的剑桥大学教授。家里养的老狗很不讨人喜

魔神仔

欢，每年冬天都必须送去狗舍寄养。但等到春天把狗带回来，整个家里都亮了起来，原来是老父亲终于可以踢狗，而不是把阴影发泄在其他家人身上。为了处理自己的阴影而饲养宠物，这种情况其实不少见。

也许关系中最大的伤害，是父母把阴影投射在孩子身上。这种常见的情况，让大多数人必须非常努力才能摆脱父母的阴影，然后展开自己的成年人生。如果父母把阴影加诸在孩子身上，会分裂这个孩子的人格，启动自我与阴影之间的战争。孩子长大之后，就必须处理非常大的阴影（大于我们每个人都必须承受的文化阴影），同时也极可能会把阴影投射在他自己的孩子身上。圣经告诉我们："必追讨他的罪，自父及子，直到三、四代。"如果你想送给孩子最棒的礼物，让他们以最佳的方式展开人生，那么就把你的阴影从他们身上移走。从心理层面来说，给予他们干净的血脉，是最棒的资产。同时你也能顺便将阴影带回自己个人的心理架构，也就是阴影产生的原点，恢复自己的整体性，在自我发展上更进一步。

荣格有一名个案，在进行分析时抱怨自己从来没有做过梦，但他马上又说，自己五岁的儿子梦境十分

　　　　　　　拥抱阴影：从荣格观点探索心灵的黑暗面　┤

鲜明。荣格认为儿子的梦境是父亲自己未曾发现的阴影，因此把这些梦境视为个案心理活动的一部分。一个月后，父亲自己开始做梦，儿子也慢慢不会再做那种逼真的梦。现在，荣格的个案负起了自己的责任，而不是无意识地让儿子担负他的包袱。

我的父亲也是类似情况。他躲在慢性衰弱症背后，几乎没有发挥什么自身的潜能。因此，我感觉我必须面对两个人生：我自己的人生，以及父亲没有活出来的人生。这是非常沉重的负担，我只有抱持着觉察的心接受挑战，才能担负起。不过这只有在年纪够大、够成熟，知道自己在做什么的状态下才会发生。通常这要等到我们进入中年，才能拥有这样的智慧。

代代相传的苦难通常比我们估计得要多。美国杜鲁门总统在任职期间曾在他的办公桌上放了一块牌子："责任到这里为止。"若是能够不把自己的责任传到下一代身上，就是给予他们最美好的祝福。

常常有人问我，是否可以拒绝他人投射阴影在自己身上？然而，一个人如果要拒绝来自他人阴影的投射，就必须在一定程度上内化自己的阴影。通常在接收到阴影投射之后，我们自己的阴影会因此爆发，交战状态无可避免。如果你的阴影就像瓦斯罐一样，只等着火柴掉进去，那么任何想要刺激你的人都很容易让你成为箭靶。若想拒绝他人的阴影，最好的做法是，不需要反击，而是要像优秀的斗牛士闪过公牛一样。

我记得一位很久以前来咨询的女性个案，她的丈夫退休后的娱乐就是把自己的阴影投射在她身上。她每天只能流着泪，看起来也无法阻止这样的灾难。我帮助这位女性练习拒绝丈夫的阴影——不是通过反击，也不是抽离成冷淡不理睬的态度，而是专注于自己的中心，保持稳定。由于她不再上钩，二人关系连续很多天都因为阴影的力量而岌岌可危。最后丈夫发现自己的所作所为，两人之间终于进行了高质量的对话。

当阴影回到本源，会变成非常具有建设性的力量。甘地说过一句很有道理的话："如果你遵循过去的正义法则，以牙还牙，以眼还眼，那么全世界的人都会变成没有牙齿的盲人。"我们能够拒绝阴影的投射，停止报复的无尽循环，只要让自己的阴影在意识掌控之下，就可以做到。即便他人的阴影出现在面前，却不做出任何

　　　　　　　拥抱阴影：从荣格观点探索心灵的黑暗面

回应，这是一种不可多得的能力。没有人有权利把他的阴影加诸在你身上，你有权利进行自我防御。当然我们也知道，这些攻击的产生有多么容易，而且符合人性。有时候，我们内在警醒的观察者会往后退，说道："蒙神恩典，幸免于难。"荣格过去常说，我们要感谢自己的敌人，因为他们的黑暗让我们逃开自己的阴影。

　　不只对别人，也对自己来说，咒骂会造成极大的伤害，这是因为将阴影投射出去时，也会将自我心理层面中的重要成分流失掉。我们需要与黑暗面连结，才能自我成长，而且无权为了摆脱不想拥有的怪异感觉，而将阴影投射在他人身上。但这里的困难点在于，我们大部分人活在阴影互相交换的复杂网络之中，不管是自己或对方，原本可能发挥的整体都受到剥夺。阴影也包含了许多能量，是我们活力的基石。一个进化成熟的个体，若具备强大的阴影，就会拥有非常多的个人力量。诗人威廉·布雷克（William Blake）曾经提及人类需要让自我的这两个部分和解。他说我们应该到天堂寻找形式，到地狱寻找能量，然后将这两者结合。当我们能够面对自我内在的天堂与内在的地狱，就会发挥最高形式的创造力。

在一般状况下，我们需要阻挡阴影的投射，躲开他人瞄准我们发射过来的石头与箭头。但在某些特定的状况下，如果能够有意识地背负起他们的阴影，其实是会带来相当正面的结果。有个精彩的故事会告诉我们，如果往后退、不采取任何作为，待对方投射完阴影后，会发生什么事情。

从前，在一个日本的小渔村里，有一名少女怀孕了，但仍然和父母住在一起。所有的村民逼迫她说出小孩父亲的名字，要她一定要将坏人指出来。在愤怒咒骂很久之后，少女终于坦白："是村里的禅师。"村民跑去找禅师对质。"啊，好吧。"禅师只说了这几个字。

接下来几个月，村民都瞧不起这位禅师。之后有个离开村里好一阵子的年轻人回来，开口要求娶这名少女。原来他才是孩子的父亲，少女为了保护他而编造了这个难以相信的故事。然后村民来到禅师身边向他道歉。"啊，好吧。"他说。

这个故事表达的是等待的力量，等待其他人的阴影投射结束。禅师的沉默，不去辩解或否认整个状况，反而大大地帮助了村民。他留给村民足够的空间，让他们自己去解决这个问题。于是他们就必须去思考："为什么我们这么容易相信少女的话？为什么我们就这样与禅师对立起来？我们该如何面对自己内在感觉到的不适与焦虑？"

我们只有在一定程度上内化、掌控了阴影，并且没有任何报复的意图与想法，才有可能达到这种境界。我们必须记得，送出一份礼物，然后用隐藏在背后的阴影特质加以破坏，是多么容易的事。

我们得到的建议，是去爱我们的敌人。但如果内在的敌人，也就是自身的阴影，正等着扑过来火上加油，那就实在不可能。只有当我们学习去爱内在的敌人时，才有机会去爱并救赎外在的敌人。

歌德的《浮士德》（Faust），也许是文学中最伟大的范例，演示了自我与阴影的相遇。一位苍白枯竭的教授，因为自我与阴影之间的距离过于遥远，来到了自杀的临界点。他跷跷板所受的负担已经大到即将断裂。这时，浮士德遇见了和自己有着完全不同困境的阴影，以主人恶魔的形象出现的邪灵梅菲斯特。两人相遇的能量爆炸极为强大。然而他们坚持了下来，这个漫长而生动的故事成为我们救赎自我与阴影的最佳指引。浮士德不再死气沉沉，而是成为血气方刚、充满热情的人。梅菲斯特懂得了是非黑白，也发现自己爱的能力。"爱"这个字在西方传统上，非常适合用来描述自我与阴影的结合。[①]《浮士德》通过强大的渲染力告诉我们，自我的救赎只有在阴影的救赎能够相匹敌时才可能发生。阴影被拉到意识层面之后，会变得较为柔软、弹性、温和。浮士德的人格因为加入了自身的阴影而变得饱满。而他与梅菲斯特的相遇，则让他变得完整。对梅菲斯特来说也是一样。更好的说法是，不管是自我或阴影，若相对的另一半没有成功转化，就不可能得救。

　　就是这样的磨合让自我与阴影都回到最初的整体，堪比愈合了天堂与地狱的裂痕。路西法（阴影的另一个名字）曾经在天堂，是神的一部分。他必须在

---

① 　请参考作者著作《转化：了解男性意识的三个层面》（暂译名）（*Transformation: Understanding the Three Levels of Masculine Consciousness*）（哈珀·柯林斯出版社），详细地研究了这部伟大的剧作。

时间尽头来临时，回到自己应在的位置。神话如此恢宏的陈述，也适用于个人的心理活动：恢复阴影并找回否认的特质，是每一名男性与女性都要完成的任务。

阴影中的黄金

我曾写过，阴影是一个人不被接受的黑暗部分。但我也说过，阴影也可能是把自己最好的一部分投射在另一个人或状况上。英雄崇拜的能力就是纯粹的阴影。这时，我们拥有的优秀特质受到排拒，只能投射到别人身上。虽然很难理解，但我们常常会排拒自己的优秀特质，反而寻找一个阴影来代替。十四岁的少年会崇拜十六岁的少年，让他背负十四岁的少年还做不到的事情。几个月后，十四岁的少年内化了这种能力，展现出就在不久前被他贬抑成阴影的力量。也许现在十八岁的少年变成了他的偶像，但之后他自己也会迎头赶上。成长通常会通过这种方式带入发展过程的下一阶段。今天崇拜的英雄特质，明天会成为自己的能力。

早期在我自己的分析中，我曾做过一个很吓人的梦。在梦里我吃掉了我当时崇拜的偶像施魏策尔。这个梦，即使不要说得那么夸大，也还是代表我必须接受自己某个与施魏策尔相似的特质，然后别再将这个特质投射在外在的英雄偶像身上。当然在程度上有所差别，不过这个梦的确是在说我必须变成施魏策尔。所有的英雄偶像都需要内化。当然，我自己幼稚的那个部分却用尽全力在抗拒这个成长发展的过程。那时，我的疑问是："怎么有人可以活出那么多人格面向？"施魏策尔拥有音乐、医学与哲学的博士学位，还是伟大的人道主义者。很明确地，他就是个文艺复兴人。但是我不能让他背负属于我自己的潜能。钻研自己的兴趣，包括音乐、心理学与疗愈他人，并将这些结合起来、发挥我百分之百的能力——我的事由我自己来做主。

如果去检视为何我们会把自己最好的能力投射出去，可能会感到非常困惑。这似乎代表我们害怕天堂来临得太快！从自我的角度来说，强大特质的展现可能会颠覆我们的整体人格架构。诗人艾略特（T. S. Eliot）在诗剧《大教堂谋杀案》中，用强烈的语言描写了这种状态：

主啊，原谅我们，我们知道自己是普通人，是会关上门坐在火炉边的一般男女：害怕神的祝福，害怕上帝之夜的孤寂，害怕必须臣服，害怕遭受剥夺。害怕人类的不公多于神的正义，害怕窗边的手、茅草屋顶上的火、酒馆里的乱拳、被人推落入运河，多于我们畏惧神的爱。[①]

我的好友杰克·桑佛德，是荣格心理学分析师，也是圣地亚哥的圣公会牧师。有一次我听着他照着平时字斟句酌的风格，做严谨的讲学时，却说出以下惊世骇俗的言论："你们必须了解，神爱你的阴影要比爱你的自我多得多！"我原本期待天上会有雷劈下来，或至少听众会大声抗议，但没有人说话。不过后来与他的对话中，则有再进一步的讨论：

自我……主要工作是进行自我防卫，并朝着自己

---

① T. S. 艾略特的《大教堂谋杀案》(*Murder in the Cathedral*)，收录于《诗与戏剧全集：1909—1950》(*The Complete Poems and Plays*: 1909-1950)（哈考特出版社，1971 年）第 221 页。

的抱负前进。所有会干扰自我的事物都必须被压抑。这些（被压抑的）元素……会变成阴影。通常这些基本上都会是正向的特质。

我认为有两种"阴影"：①它是自我的黑暗面，平时小心地隐藏起来不被自我发现，只有在人生遇到困难时才不得不展现。②它会因干扰自我中心的状态而受到压抑；不管它看起来多么邪恶，基本上都与神（真我）相连结。

到了摊牌的时刻，神还是偏爱阴影多于自我，因为阴影虽然充满危险，但更接近中心，也更真实。[①]

我们所处的时代，其实还没准备好聆听对于人性中光明面与黑暗面的重新评估。但如果想要避开可能会摧毁整个文明的冲突，就非听不可。我们无法再承担将自己未曾运作的部分加诸他人身上的后果。

荣格提醒我们，要从精神分析个案的柜子里拉出骷髅头不会太难，但如果想从阴影中挖出黄金会是天

---

① 参考约翰·桑佛德的杰作《化身博士的怪奇审判》（*The Strange Trial of Dr. Hyde*）（哈波出版社，1987 年），对此主题有更深入的探讨。

044　　　　　　　　　　　　拥抱阴影：从荣格观点探索心灵的黑暗面

大的难事。人们害怕自己的优秀特质，不亚于害怕自己的黑暗面。如果我们在某个人身上发现黄金，通常对方会用尽力气否认到底。这就是为什么我们常常沉迷于英雄崇拜。崇拜施魏策尔博士，要比自己展现那些（没优秀到那个程度的）特质来得容易得多。就发现他人身上的黄金这方面来说，我的第六感颇为强烈，也十分乐于让他们熟悉、认同自己拥有的优秀特质与价值。但更常发生的是，他们会全力抗拒整个过程，或者会认为是我拥有这些特质，而不是他们自己。这种对自身特质的反应，不但是有效的逃避，也是有效的拒绝。美丽（或价值）只存在旁观者的眼中。

阴影中隐藏了非常大的能量。如果我们通过自我的运作，将所有已知的能力消耗殆尽，未曾运作的阴影便能和我们的生命订下美好的新契约。

但若是将阴影投射出去，可能会造成两项错误：一是，我们对他人加诸的黑暗或光明，都会对那人造成损害，因为这是让对方背起沉重的责任，扮演我们眼中的英雄角色。二是，丢开自己的阴影后，我们得到了净化，但也失去改变的机会，并遗落了支点。

有一次，一位明智的女士听到我抱怨自己上台讲学前总是疲倦不堪，于是告诉我如何获得更多的能量。她教我可以在上台前找一个房间独处，拿一条毛巾来，先把毛巾弄得非常湿、非常重，然后把毛巾包成球状，用尽全力往地上扔，同时大声叫出来。我觉得这真是愚蠢至极，完全不是我会做的事。但当我做完这件事，走出房间上了台，竟然感觉到自己的双眼充满熊熊火光。我拥有了能量、精力与声音，完成了一次真诚恳切、架构完整的演讲。阴影给了我支持，而不是压垮我。

如果能够就形式上碰触到自己的阴影，做出一些平常自己不会做的事情，便能从阴影得到一股巨大能量。我们可以从一件有趣的事实看到这样的动力模式。鹦鹉学脏话比学日常用语来得快，是因为我们咒骂的时候用了很多力气。鹦鹉并不知道这些字词的意思，但却能够听出其中蕴含的能量。即使是动物，也可以感受到我们隐藏在阴影中的力量！

中年的阴影

到了中年，人们开始厌倦在跷跷板两头不由自主地来回跑。如果能够警醒的话，我们会逐渐明白，最佳的状态是中间地带。出乎意料地，中间地带不是我们害怕的灰色与妥协，而是充满了欢愉与狂喜。宗教世界的宏伟愿景，例如启示录中的记载与描写，都是基于一种对称与平衡的崇高感受。让我们看到中间地带是同时尊崇两种极端的产物。古代中国称之为"道"，并认为中庸之道不是妥协，而是创造与合成。我们无法在中间地带停留太久，因为这里就像刀锋一样，位于空间与时间之外。只需要片刻中间地带的时光，就足以让长时间的平凡生活拥有意义。印度流传的警语说，如果接触中间地带太长的时间，就会失去方向而死。不过，对大部分的我们来说，不太会遇到这样的危险。

比较适合西方文化的概念，是站在跷跷板的中间，两脚各跨一边，让自己容易平衡。这不但尊重了二元性，也让我们能够取得两边的元素。两边都受到锻炼，也没有发生严重的分裂。这不是灰色的妥协，而是强大又平衡的生活。

刚刚迈入成年时，我们几乎都是在学习规矩。我们要为工做好准备、学习社交礼仪、经营婚姻，并提升赚钱的能力。这些活动都无可避免地会产生巨大的阴影。有些元素我们必须舍弃、"不能去选择",才能创造出文明的生活。到了中年,文化过程大致上都完成了,而且非常枯燥,仿佛是将我们人格中的能量全部抽干。而在这个时候,阴影的能量就变得十分强大。我们会突然被这种爆发所掌控,辛勤努力创造出的事物就这样被颠覆。我们可能会恋爱、离婚、绝望地想要辞去工作,从单调的生活中松绑。这些都是非常危险的时刻,但只要我们学习如何从阴影中获得能量,并正确使用这些能量,这些危险时刻就能为全新的生活搭建好舞台。

我曾经有一名以绘图为业的个案,其工作是在成千上万张赛璐珞片上画眉毛,然后做成动画。他非常擅长绘制生动的眉毛,除此之外就没有画别了。一天又一天,一年又一年,结果有一天,他在工作中突然抬起头来,一边咒骂一边走出去。他因为中年危机来找我咨询,原本在专业上的得心应手,现在却是江郎才尽。我告诉他,他已经完全耗尽那个部分的生命,如果他希望能找到新的活力,就必须与未曾发现的阴影相连结。他的个性非常温和,因此很难与阴影连结，不过忍不住的粗口给了他一个好的开始。如果这部分处理得当，就能带来新的创意源头，为生命开启新的篇章。但如果处理得笨拙，只会导致毁灭，形式与架构荡然无存。天堂与贫民窟的差别，仅仅是能否有意识地觉察。

《今日心理学》（*Psychology Today*）期刊曾有一篇好文章，建议我们在五十岁的时候转业。作者描述了多数人在事业达到顶峰后，由于没有什么可以再学习的阶段，而产生了疲惫感，于是大胆地建议我们休息一两年，换到一个崭新的职业岗位上重新学习。这时的海军上将可能会变成部长，制片家可能变成业务员。

在东欧有一种教导成人语言的系统，也是妥善利用了这股能量，唤醒未曾运作的生命。在密集的研习课程中，学生会选择一种与自己现实生活完全相反的身份。大学教授可能要扮演海盗，欺诈犯可能要扮演牧师。最惊人的能量爆发就是这样产生的！这股能量帮助学生内化新的语言。不过这样的学习如果是以原本的一般人格来进行，可能不会这么容易，还是很辛苦的。

仪式的世界

我曾提到可以通过一些仪式来接触阴影，并与之建立具有创造力的关系。然而，要怎么进行这种仪式呢？首先，你必须掌握自我与阴影的内核。这是一件非常难达成的工作！对于自己不了解的部分，其实没有人能够加以运用。中古世纪的英雄必须屠龙，现代的英雄必须把龙带回家，与自己的人格整合起来。

在这个仪式中，你必须找到人格中属于左手的内容，然后用某种合适的方法抒发、展现，但不能对右手的人格有所损伤。可以用绘画、雕塑，写一个生动的故事，编一支舞蹈，焚烧或掩埋——任何可以展现这项内容但不会造成伤害的方式。如同之前所说，弥撒仪式中可以看到最可怕的各种事物，但是祭坛栏杆围住的部分就像是容器一样，而以超然态度进行弥撒的神父，则穿着祭袍，保护自己不受仪式太过强大的力量影响。他也会在弥撒开始前与结束后，在圣器收藏室进行自己的仪式，将自己与召唤而来的超人神力隔绝开来。要记得，象征或仪式性的经验同样真实，和现实发生的事件造成的影响具有同等效力。

我们的心灵不会意识到外在事件与内在事件的不同。从真我的角度来说，阴影特质不管在外在或内在世界都能够同样运作。但文化只能容许这些被排拒的元素用象征性的方式展现出来。所有健康的社会都拥有丰富的仪式文化。较不健康的社会则仰赖无意识的展现，如战争、暴力、身心症、精神疾病与意外事故，让阴影通过这些低级的方式展示。

仪式与祭礼可以达到相同目的，而且远比无意识的方法更有智慧。全世界从古到今的仪式，大部分都具有某种程度的毁灭性：牺牲、燃烧、献祭、放血、斋戒与禁欲。为什么？这些是仪式性的语言，通过象征的方式处理阴影，以便保护文化的存在。我们很容易在思考上犯下错误，认为通过抹杀毁灭性的元素是保护文化，但其实只有将这些元素融合进来，才能启动文化的能量。这就是为何真正的宗教仪式必须包含同样多的光明与黑暗。如果重新检视天主教弥撒，就会发现毁灭与创造、邪恶与救赎的完美平衡。

所有的这些都与传统思想相违背。我们目前的模式看起来是，如果做了什么具有足够创造力的事，就能打败黑暗的力量，获得胜利。但其实我们需要的是一种非常不同的解决方法。

创造的行为觉察到的是整体的现实，而不是部分的反应。我们因为对于光明的偏好，看不见更宽广的现实，也看不见更宽广的视野。现实（如果不是神的话，我真的也不知道是什么）无法仅仅从任何单一的视角去发现，不管看到的事物多么有魅力。我们必须从完整的亲身经验中去找寻答案。

法国玛丽·安东尼皇后的故事，让我们看到为了整合阴影所做出的尝试是多么触动人心。这位皇后住在世界上最豪华的宫殿中，却感到人生穷极无聊。有一天，她决定要接触一些与大地相连结的事物，于是命令仆人在宫中的园子里建造谷仓，并养几只乳牛。她想要当挤奶女工！然后法国最好的建筑师受雇建造了牛棚（现在到凡尔赛宫还是可以看到，因为非常美丽所以被保留下来），也有从瑞士进口的上好乳牛。一切都准备好的那天，皇后正要坐到三脚凳上，开始挤乳工作的最后一刻前，她觉得气味难以忍受，于是叫仆人代替她挤奶。

皇后最初的冲动是正确的：她需要一些事物来平衡宫廷里的拘谨。如果她持续这个挤奶的仪式，搞不好她的人生，还有法国的历史，会有不一样的走向。但遗憾的是，她最后上了断头台。宫廷中与大地连结的一面是以这种野蛮的行为展露出来的，但它原本可能仅需要通过单纯的挤奶工作来呈现。

玛丽·安东尼正确地尝试用农活儿来平衡自己华美精致的生活，但她还是没有看透其背后的意义，而抗拒了真实的挤奶动作。如果她能够找出某种遵从大地脉动的方式，并同时维持原本精致的宫廷，她就是天才！由此我们不妨设想一下，究竟有多少表面上的毁灭事件，原本可以通过仪式行为为阴影发声，从而避免呢?

如果有勇气拥抱相反面，我们的命运真的可以改变。就这个故事而言，挤奶是阴影中的黄金，是救命恩典。大多数的仪式会着重在人格的黑暗面，但记住黄金般的机会同样来自相同的本源，也很重要。这些机会甚至比黑暗元素更难被我们整合!

平衡的理想在美国人的生活中每天都可以看见，但很少有人注意到。仔细看看我们常在使用的一块钱美元纸钞。上面画了一个金字塔，顶端有一只眼睛。三角形的底部代表观念的二元性。在自我与阴影的横轴上，我们会看到成对的相反概念：对与错、好与坏、光与暗。如果是用这种度量衡来思考，就只会看到无尽的冲突。但如果我们具有足够的意识，就能将这些相互打架的元素整合起来，成为位于中央尖端的全知之眼。在一元钞票上，眼睛是高于相反的两端，代表其优势位置。

这个中央位置所散发的光没有与之相反的事物。和圣杯城堡一样，中央位置独立于时空之外，而且是处于超越的时刻之中。[①] 瞬间，看起来像是灰色妥协的动作变成了光辉灿烂的融合。圣经告诉我们："你的眼睛若明亮，全身就光明。"（马太福音，6:22）单只眼睛、跷跷板的支点，都是领悟的第一步，代表了意识全新的规律。一元钞票上的题词"时代新秩序"，承诺了一个新的时代。

---

① 参考作者著作《他与她：从荣格观点探索男性与女性的内在旅程》中的第一部分。

拥抱阴影
从荣格观点探索心灵的黑暗面

Owning Your Own Shadow:
Understanding the Dark Side of the Psyche

| 第二章 |

浪漫爱情化身阴影

有史以来最具力量与价值的投射，其实是恋爱。这样的发现实在让人惊讶。恋爱也是阴影投射，也可能是我们能够体验到最为深奥的宗教经验。大家要记得，荣格早期是将阴影定义为人格的无意识部分中所包含的事物。也要记得，我们现在要讨论的是恋爱，而不是爱人。

　　恋爱是将自身最为崇高、无比珍贵的部分，投射在另一个人身上。虽然有时在极为罕见的情况下，可能投射在事物，而不是人类身上。比如有些人会把他们神圣的能力投射在事业、艺术品，甚至是某个地点。要说这些人恋上了医学、毕加索的画，或欧海谷，都是有可能的。然而，这里讨论的大多数例子，都是来自在另一个人身上看到我们自己的神性。如果要让审视的条件增加门槛，就必须再加一句：我们在他人身上看到的神性的确存在，但除非去除掉自己加诸的投射，否则是没有权力看到的。这多么困难啊！
要怎样才能说出投射不是真的，但所爱的人的确拥有
神性？要分辨这其中细致的差别，是人生中最精细而
困难的任务。

　　浪漫爱情或恋爱，与爱人完全不一样。爱人一直
是更宁静、更具有人性的经验。而恋爱总是比较夸
大，或更引人注目。

投射神的形象

　　恋爱是将阴影中黄金精华的部分，也就是神的形
象（阳刚或阴柔皆可）投射在另一人身上。此人立刻
成为一切崇高神圣事物的载体。人们在赞美所爱的人
时，总是滔滔不绝，用尽一切圣洁的语言。但这种经
验完全是来自跷跷板的右边，当然，也会不可避免地
召唤相反的事物。当恋爱转身一变，就会成为最苦涩
的人性体验。西方大部分的婚姻都是从投射开始，接
着经过一段幻灭的时期，最后，在老天保佑之下，变
得更为人性。也就是说，婚姻最终落脚于深刻的现
实，也就是另一半这个人。恋爱比较接近神的存在，

但立足于现实的爱更为符合我们渺小的状态。

通常情况下，不会有人注意到，恋爱其实磨灭了所爱之人的人性。与人相恋，其实是用一种奇特的方式在侮辱对方，因为我们眼中看到的是自己对神的投射，而不是对方本身。若两人相恋，他们会有一段时间是踏着星空漫步，从此幸福地生活在一起。但这是在神圣经验为他们抹去时间意义时才会发生的。只有在他们回到人间着地时，才会用真实的眼光看着对方，成熟的爱情也才可能存在。如果其中一方处于恋爱的状态，另一方并没有，那么较为冷静的那一方可能会说："如果你能真实地看着我，而不是你想象中的我，那么我们两人之间的关系会更好。"

詹姆斯·瑟柏的一篇漫画描述了婚姻幻灭的阶段。一对中年夫妻在吵架说："好吧，是谁让我们婚姻中的魔法消失了？"的确，当恋爱的投射耗尽，另一边的现实，以及人际交流中最为黑暗的可能性，就会取而代之。如果我们能够熬过这个阶段，便能够拥有人类之爱，虽然比神圣之爱来得不那么刺激，但稳定得多。

在婚姻中，阴影扮演重要的角色。要建立或破坏

拥抱阴影：从荣格观点探索心灵的黑暗面

一段关系，依赖我们是否能觉察阴影。我们忘了在恋爱时，也必须逐渐接受在对方身上发现的那些恼人、讨厌，甚至完全不能忍受的地方，还有我们自己身上的缺点。但也正是这种冲突让我们获得大幅成长。

最近我听到有一对夫妻很有自觉地在婚礼前举行了一个召唤阴影的仪式。在他们结婚的前一晚，两人交换了"阴影的誓约"。新郎说："我会给你一个身份，然后让全世界都把你看成是我的延伸。"新娘回应："我会做个顺服甜美的妻子，但私底下我拥有真正的控制权。如果哪里出错了，我会拿走你的钱和房子。"接着他们用香槟干杯，真心地笑着自己的缺点。他们知道在婚姻的过程中，无法避免这些阴影的出现，由此做了超前部署——觉察到阴影的存在，并揭露了真相。

将我们心中神的形象投射到另一半身上，和投射黑暗、恐惧与焦虑一样危险。我们对所爱的另一半说："我期待你能给予我神圣的灵感，成为我创造力唯一的来源。我会给你改变我人生的权力。"借由像这样的方式，我们是希望另一半接手在过去由神灵负责的工作：让我们成为新造的人、救赎我们、拯救我们的灵魂。

十二世纪，当浪漫主义时代从西方集体无意识中诞生后，特别的事情发生了：我们发现在另一个人身上看见神性的方法。东方世界其实更早就知道这件事情，但仅限于智者与门生这种师徒关系中。东方世界注意到这种经验的强大力量，所以设下限制，让这种力量只能在宗教的脉络中发生，而不可以用于一般世俗的人际关系。把这样的力量放在一个有足够空间可以承受的容器中，是很聪明的做法。由于西方文化是通过一般的人际关系来寻找神性，这样的容器缺乏东方师徒关系的宽广度。

浪漫爱情这种恋爱的力量，是近期才出现在历史中的。通过恋爱的力量，西方人文精神松绑了人类能够展现的最崇高感觉，让我们准备好接受自己能够理解的最大磨难。几乎每本现代小说都在描述想要恋爱的强烈动机，或是失恋和单相思的煎熬。不论好坏，现代人文精神拥有浪漫的力量。从好的一面来看，这是人类拥有最高层次的能力。但从坏的一面来看，那也许是我们所知的最痛苦经验。这股在十二世纪种下的微风，到了二十世纪成长为旋风。

我们继承了十二世纪出现的两个神话。圣杯神话探讨的是个人与灵性追寻之间的关系。崔斯坦与伊索德的神话，则让我们了解浪漫爱情的力量。两个神话都在暗示一种能够直接感觉到神的新能力。不过，这种高涨的经验能否内化，还有待探究。在这两个伟大的神话出现之前，西方人文讲求的是在一个集合的空间赞美神的伟大。神常驻在教堂的圣坛，不会直接碰触到个体的私人生活。我们是从个人小宇宙的角度来崇拜神，表现出合适于自己渺小位阶的姿态，非常安全、理智和具有仪式化。时至今日，所有其他文化也都还是如此。

但在十二世纪，我们拥有了难以置信的机遇，通过个人的方式接触神高强度的力量。在这两个神话中，人类可以说："摩西可能无法直接看到神，但我可以！"了解这两个神话就是了解现代的矛盾。真正的神话会让我们了解整个文化的脉动，了解到整个文化的特质与命运。①

---

① 参考《他与她：从荣格观点探索男性与女性的内在旅程》对于圣杯神话的探讨，以及《恋爱中的人：荣格观点的爱情心理学》对浪漫爱情的探讨。

崔斯坦与伊索德则是告诉我们浪漫爱情的结果，也就是当我们将神性投射在另一个人身上时，会造成怎样的陷阱。在我们尝试混合不同层面后，就会惊骇且直白地发现，混乱随之而来。这就像把家中的电路接上一万伏特的电源，但一百一十伏特的一般家用电路无法承受这种超载。虽然一万伏特感觉很厉害，但只有在能够承担这种电流量的容器中才能维持。一般人无法熬过一万伏特的冲击，但我们的文化规定所有的婚姻都要以一万伏特的经验为基础。婚姻能够持续，是因为双方都降到一百一十伏特的人类层面，并学会了相爱的艺术。

比起一万伏特过于华美的演出，一百一十伏特的爱其实更有价值，也更容易让人同化吸收。符合人性比例的爱，远比一跃升天的浪漫爱情更为珍贵。

浪漫主义的个人经验

崔斯坦与伊索德的故事，是一对情侣揭开了习俗保护的面纱后，被丢入某种两人都无法存活的现实中。他们意外喝了原本准备给国王与皇后的爱情灵药，让他们获得无法掌控的强大神圣力量。自古以来，几乎没有人能够从这样的经验中生还。最好的情况是我们获得让自我成长的新能力，但这需要足够的时间。而最坏的情况，则会因为我们将庞大且超越人格的事物纳入自己的力量，而犯下不可饶恕的罪。无论如何，我们现在都体验到了一万伏特的能量，而且处理得非常不好。

人类可能不会想要归还这种可怕的力量。即使愿意，我也不知道是否能够把力量还回原本的地方。现代人发现自己陷入了这种拥有了自己无法承受的力量，但又无法还回去的矛盾状况。

崔斯坦与伊索德的神话，只要是恋爱的情侣都会上演一次。不过如果能在这段关系中时时保持意识的觉察，就有机会促进关系的演化与成长。要是能同时觉察神的光辉具有光明面与黑暗面，这种经验就不会以幻灭与苦涩收场。

许多世纪之后，我们突然能够接触到神的化身与形象。当然，会需要一些时间等待这种经验成熟与稳定。拥抱存在于阴影中的力量，是一项深具挑战性的任务。所谓的拥抱并不是去拥有，因为自我这个容器太小了，会被胀破而失去控制。如果人们想拥有阴影，可能会宣称自己就是神，或是宣称神已经死了。不论是哪一种说法，都很诡异。尼采就是极为靠近这样的状况，并以付出自己的理智作为代价。投射这股力量，是让另一个人背负起无法承受的超人特质。其实，人们应该从宗教方面着手，去寻找方法逐渐接受这股超越个人的力量。

我还记得自己三十几年前做过的一个梦，呈现出我人生中的矛盾：

有一只戒指，能够让戴着的主人拥有不可思议的力量，像是隐形、立刻传送到自己想去的地方、获得他人的力量等。但日子久了，主人获得的力量会逐渐消失，然后戒指会转而控制主人。有个完全受到戒指掌控的年轻人戴着戒指跑向我，他因为戴戒指的时间很长，所以已经失去了隐形等能力。警察追着他想要拿走这只危险的戒指，以免年轻人用戒指做出无法预估的伤害。他逃不过警方的追捕，因为戒指的神奇力量已经消失，只剩下黑暗的掌控。他跑向我，把戒指丢到我的手上，然后警察改往我的方向蜂拥而来。我身为戒指的新主人，能够召唤戒指所有的魔力，于是轻松逃过警方的追捕。但我知道，自己二十年后会和这个年轻人的处境相同。在戒指完全掌控我，让我感觉到无坚不摧的高涨魔力之前，我只剩下五秒钟的清明。就在这五秒间，我将戒指高举过头，用尽全力把戒指扔到地上。就在这时候，警察来到我身边，我们通通跪在地上确认戒指摔得粉碎，一片碎片都不留，以免让人重新陷入这个轮回。我们没找到戒指的碎片，只看到地上有金色的痕迹，代表戒指消散融入大地。警察向我道声恭喜，然后我们到附近的池塘边欣赏金鱼。

这是一个普通人决定把超越个人的伟大力量归还大地，而不纳入自己内心世界的故事。在生命中的重要时刻，总是有机会来分辨哪些事物属于自己，哪些不是；也总会出现能够做出决断的理智时刻。如果错过这个机会，人们就可能沉醉于自己会误用的新力量。

面对浪漫爱情的力量时，也是同样状况。在婚姻中，我们同样只能握住戒指几秒钟，不然就会受到一万伏特的电击，因为我们看到了另一半身上的神性。这不是平凡的人类能够承受太久的经验，因此我们必须记得把这股能量再度还给神与大地。如果我们能够窥见婚姻中的神圣力量，然后再退回到平凡人的能量，就不用面对和崔斯坦与伊索德一样的结局。

另外还有一个非常古老的故事，警告我们必须停下来，将神祇视为所有关系的本源加以敬重。这个故事源自古希腊，女主角名为亚特兰缇（Atalanta），她强大又聪明，也是全国速度最快的跑者。她曾和杰森（Jason）一起寻找金羊毛，甚至与男性比赛摔跤。她在被催婚时宣告，只会接受能够跑得比她快的追求者。亚特兰缇非常像现代的女性，志向远大、才华横溢，在男性的世界中悠然自得。问题是，她对于两性关系的艺术一无所知。

有一天，希波莫涅斯（Hippomenes）爱上了亚特兰缇，并请求阿芙洛狄忒女神（Aphrodite）给予协助。阿芙洛狄忒也觉得这位不在乎自己美貌的少女很有趣，因此给了这名追求者三颗金苹果。在赛跑时，希波莫涅斯把金苹果丢在亚特兰缇脚边，趁着亚特兰缇停下来捡苹果时，年轻的追求者便向前冲去，赢得了美娇娘。但是，哎呀，这对热情如火的情侣忘了到阿芙洛狄忒的神庙还愿，就迫不及待地举行婚礼。女神非常生气，就把两人变成狮子，让他们负责拉着自己的车在天上飞。

古代世界对于浪漫爱情没有任何幻想，他们知道这种感觉来得急、来得快，是神恩赐的礼物。这时就不会有高涨的感觉：人类只是盛装神圣能量的器具。今天，当这股能量降临到我们身上，我们需要一个感恩的仪式来承载它，并且应该掌握将这些能量返还本源的方法。

宗教经验中似非而是的悖论

当我们有意识地接触阴影，其实是在检视自己平时几乎会闪躲与避免面对的人格层面。也因此，我们进入了悖论（paradox）的范畴。

悖论会源源不绝自行产出意义，是现今世界的人类极为渴求的事物。所有的伟大神话都会在这个主题上着墨，提醒我们宝藏都是在最不可能或最为冷门的地方发现。拿撒勒有什么好处？自家后院会埋了什么价值连城之物？就内在生命来说，自己的阴影又展现出什么优点？奇怪的是，最好的总是来自这种受到忽视的角落。我们会尽一切的努力避免这种痛苦的悖论，但越是拒绝承认，就越是将自己限制在这种无用的矛盾经验中。矛盾（contradiction）会带来压迫且无意义的重担。只要是有意义的事，再痛苦也可以忍耐，但无意义的话，就一点都不能承受。矛盾充满荒芜与毁灭，但悖论却具有创造力。悖论大力地拥抱了现实。在历史脉络中的所有宗教经验，都是以似非而是的方式呈现。看看基督教的教条，都是用似非而是的语言写成。矛盾是静态，也不具生产力。悖论则为恩典与奥秘创造了空间。

举例来说：所有的人类经验都可以用似非而是的相对方式呈现。墙上的插座有两孔，分别接上正电与负电，通过正负电的相对方式，于是产生有用的电流。白天要和夜晚相对才能让人理解；阳性要与阴性

拥抱阴影：从荣格观点探索心灵的黑暗面

对比才能产生关联。活动只有与休息摆在一起才有意义。品味是一种比较出来的差别。上必须相对于下才能存在。北方如果没有南方，要如何成立？我如果没有你，会在哪里？没有清醒的衬托，哪能感觉到狂喜？

因为某些无法理解的原因，我们通常拒绝承认现实中充满悖论的状态，甚至还会傻到觉得自己能够避开。在这么做的同时，我们就把悖论中的相对变成了对立。休闲与工作分开之后，两者都变质了。等到被困在这些对立之间，个人的磨难就此展开。如果试着拥抱一方，却没有给予另一方赞赏，就会让悖论降级成为矛盾。然而，对立的元素必须获得相同的敬重；自己因困惑而苦恼（suffer），是疗愈的第一步。[1] 接着，矛盾的痛苦才会转化为悖论的奥秘。

我所知道让一个人最快崩溃的方法，就是给他两套互相矛盾的价值观。这正是我们在现代文化中遇到的事：安息日遵守的道德规范，和平日其实就不一样。基督教要我们依循的价值观，在平日的世俗生活

---

[1] "suffer"（承受苦难）一词非常具有启发性，源自拉丁文的"sub plus ferre"，意思是忍受或允许。

中几乎是完全被忽略。这让我们如何自处？

到了某些时候，尤其是迈入中年，人生过于紧绷，两套对立的观点需要不同以往的崭新方式来处理。我们无法再允许自己被对立的观点撕扯。压力如此之大，总有一方要退让。

我们痛恨悖论，因为实在是非常痛苦，但悖论却又能让我们直接体验到超越平时参考架构的现实，产生一些伟大的启发。悖论强迫我们超越自我，打破了天真又不合宜的自我调适。大部分时候，我们会同时支持这两套对立的观点，避免冲突发生。这是许多现代人的特质。在日常生活的一天当中，我们就会遇到无数次意见分裂的状况。我需要去工作，可是不想去。我不喜欢邻居，却必须与他有所往来。我应该要减重，但有些食物真的割舍不下。经济负担实在很大，可是……这些都是我们一直会遇到的矛盾。但这些虚像，即使很痛苦，还是必须被打破。我们无法就这样抹去平衡的其中一边，但可以改变自己看待问题的方式。如果接受了这些对立的元素，以全部心灵来忍受两者互相撞击，我们就是在拥抱悖论。容忍悖论的能力，与精神力的强弱成正比，也是成熟与否最具指标的象征。

要从对立（永远在争吵）进阶到悖论（永远处于神圣状态），需要的是意识层次的跳跃。这种跳跃带着我们越过中年的混乱，启发了接下来的人生愿景。

通过列出我们所面对的对立元素（oppositions），并试着将这些元素重新定位在悖论的范畴中，是非常有价值的练习。我们可以从以下这两组价值开始：几乎所有人都同意的日常态度，以及我们所接受到的宗教指引。

实际价值 （Practical Values）	宗教价值 （Religious Values）
赢	输
收入	支出
饮食	斋戒
主动	被动
获得	付出
拥有	变卖一切，分给穷人
财产	贫穷
活动	回应

性	独身
决断	观察
自由	服从权威
选择	责任
民主	顺服
敏锐的意识	冥想的意识
清醒	狂喜
聚焦	愿景
"多比较好"的信念	"少比较好"的信念

　　不太有人会对以上列出的实际价值有所争议。赢是好的；接受在价值观的尺度上也属于正面；好的收入十分完美；饮食就是生活本身；主动可以让事情完成；获得是责任的勋章；拥有可以支撑生活，让自己成为一个有内容的人；财产提供了安全感；忙碌是一种美德（闲人爱作恶）；性是生命的基石；决断让我们可靠而有生产力；自由是政府组织的发条；选择是自由人类神圣不可侵犯的权利；力量代表效率；聚焦的意识是原始人类半梦半醒状态最佳的解毒剂；清醒非常重要；每个人都知道多比较好。

　　这些美德是西方社会毋庸置疑的绩优股。文化是以这些价值为根基，并通过这些价值创造出最佳成果。

但另一份清单，宗教的价值呢？我们几乎每个礼拜天都要聆听讲道，这些价值观是基督教文化的底蕴。讲坛传来的教诲告诉我们：施比受更为有福；变卖一切，分给穷人；斋戒可以获得灵性的美德；把另一边脸颊也让人打；"虚心的人有福了，因为他们必得见神"；"没有一人说他的任何东西是自己的，都是大家共用"。在勤劳的马大与安静的马利亚的故事中，我们知道马利亚是较好的那位。独身是最高境界，是成为基督教模范，也就是神父与修士的必需条件。我们也被教导：不要论断；所有的问题都要询问权威；选择要让高位的人决定；顺服是最崇高的德行；有权力就没有爱；因为禁食或精疲力竭造成的轻微迷幻状态，能够让我们看到神视；狂喜是每一位基督徒与生俱来的权利；饮用圣血的欣喜，是人生的目标。多么矛盾啊！但我们每个人都活在这种矛盾中，无论是否意识到自己在遵守这些基督教美德。这些德行建构在我们的语言、风俗习惯与传说故事里。美国宪法的基础是自由与民主，也就是自己作主的权利。但宗教的教导则让我们服从于比个人自我更大的力量。我们接受神的意志指引。最明显能看到这种矛盾的地方，恐怕就是在硬币上的那句"我们信靠神"。难怪会出现要抹去这句话的运动，因为大部分人不再信靠神了！

每一次我从印度旅行回来，都会沉浸在那块神秘大陆的宗教态度中，不由得认真思索起印度教与佛教关于"不选择"的教义。这些教义告诉我，神的意志永远单一。如果觉得可以在两个相对的选项中进行选择，那么就是自己的功课还没做完。只要厘清议题，该怎么做就非常清楚明了。没有什么需要选择，因为神拥有合一的心智，没有二元的区分。

我消化着这样的教诲，打开一封朋友的来信。他所属机构有这样一句标语："我们致力于拓展选择的领域，让每个人都能拥有选择。"看，东方与西方的想法之间有着极大的差异！我不得不注意到，我的印度朋友拥有相对平和的生活，而我的美国朋友，专注于选择与决定，反而紧张又焦虑。

世界上每一项美德都是因为对立的存在而产生效

用。没有黑暗，光明就没有意义；没有阴性，阳性就没有意义；没有遗弃，照顾就没有意义。真理总是成双成对出现，我们必须忍受这一点，才能在现实中存活。受折磨代表允许。从这个角度来看，我们都深受二元对立的奥秘所苦。不管我们做了什么，相反的事物马上就会应运而生。这就是现实。

现在该怎么办？我们该拿这明显无法忍受的矛盾怎么办？这其实是造成每一个精神解离与心理问题病症最根本的问题。这个问题如果处理错了，就会陷入精神瘫痪，什么也做不了。接下来还会发现自己焦虑到连什么都不做也忍受不了！我们动不了，也静不下来。这就是许多人现在的处境，承受着一波波的痛苦袭来。如果我们开始做某件事，就会因为另一件事的出现产生罪恶感，然后困在没有出口的无尽折磨之中。如果做了让自己开心的事，便会因为没有做应该做的事而兴起罪恶感。如果做了应该做的事，我们希望或梦想做的事，则会戳破我们的自制自律。贝多芬在第九号交响曲的第二乐章诙谐曲中，就用音符呈现了这种状态。音乐不断回旋再回旋，没有办法收尾，到了最后的乐章才找到解套的办法：通过融合起来的方式，以震耳欲聋的喜悦作结。

你的中学数学老师有没有用证明 2 等于 3（作为教学的一环）来骗过你？证明写在黑板上，但没有任何学生反应能快到一眼看出错误。这个方法是都用 0 去除，但因为 0 无法当成除数，所以其实根本无解。我们的心理等式也差不多是用相同的方式运作，所以得到同样无解的错误答案。

我所列出的对立元素中，有一个基本的错误。二元对立就和 2 等于 3 的证明题一样都是错误。如果现实真的如此，我不觉得有任何人能存活下去。我们的心理结构会崩溃。而且有时候的确会崩溃！

错误在于（感谢神，要不是有这样的错误，生活会变得无法忍受！）我们对于"宗教"一词的诠释错误。"宗教"（religion）一词是由拉丁词根"re"（意思是"再一次"）和"ligare"（意思是"联合、连结，或桥接）所组成。常用的"连字体"（ligature）一词也是来自相同的词根。所以，宗教的意思是再次连结在一起。宗教不能只与对立元素的其中一方连结。在之前的讨论中，我分别罗列了世俗与宗教的价值，这是个罪大恶极、不可饶恕的错误，也是大部分人类精神磨难发生的温床。认为这么做很糟糕，但那么做很高尚，其实是大大地误用了语言。世界上没有所谓符合宗教的行为，或是符合宗教的特质清单，只有能够连结或疗愈的宗教观点。这个观点能够恢复并调和折磨着我们每个人的对立元素。宗教的能力在于将对立的元素重新结合起来，超越造成了许多痛苦的裂痕。宗教帮助我们远离矛盾这种互相对立的痛苦状态，来到悖论的范畴。在这里我们能够同时欣赏两种相对的元素，给予相同的尊重。然后，也就只有在这个时候，恩典才会出现，矛盾的灵性经验变成了和谐的整体，让我们进入一种比单独选择任何一方都还要好的合一状态。

施比受更为有福这个观念，也是陷入了证明 2 等于 3 的谬误。要说对立的元素中，有一方"属于宗教"（religious），真的是错得彻底。只有合一的领域才配得上"属于宗教"这个形容词。

我们必须让"宗教性"一词回归到原本的真正含

义，才能让宗教重新获得疗愈的力量。疗愈、连结、结合、桥接、重新复合——这些才是神圣的能力。

悖论的奇迹

要将我们的能量从对立转化成悖论，是演化上很大的飞跃。处于二元对立的运作中，其实是被生活不可解的问题与事件碾压成碎片。大部分的人都把自己的生命能量拿来支持这种内在的战争。在朋友之间直率的对话中，也只能一再听到这些完全错误的想法。现代人浪费了巨大的能量来对抗自己的状态。对立其实与短路很类似，像大出血一样榨干我们的能量。将对立转化成悖论，就是允许一项议题的正反面、对立元素的双方，能够以相同的尊严与价值存在。举例来说：我今天早上应该要工作，但实在没心情，很想做点别的事。这两个对立的愿望，如果一直放置在对立状态，就会互相抵消。但如果我花点时间思量，便可能出现互相可以接受的结果，甚至也可能出现优于任何一方的状态。有时候妥协的确会比对立来得好，但仍然不是最好的解决方案。我可以先带狗去散步，然后静下来工作一会儿，试着调节赚钱与玩乐这两种需求。但这并不是真正的悖论。如果我能耐心与这两个互相排斥的冲动共处足够的时间，这两股对立的力量会互相教导，产生能够让双方满意的洞见。这不是妥协，而是一种深刻的理解，让我能去思考自己的人生，并让我确切知道自己该怎么做。这种确定感是人类所知最珍贵的特质之一。我很想告诉大家这是怎样的解决方案，但这样可能会有所误导，因为每一个解决方案都必须出自我们面对的独特情境。公式或方法在这种时候永远不够。解决方案必须来自对立能量面对面时，所产生的动态变化。

著有《远离非洲》(*Out of Africa*) 的丹麦作家伊莎·丹尼森 (Isak Dinesen) 曾经写道，人类有三种真正快乐的状态。第一种是能量旺盛，第二种是痛苦中止，第三种是完全确定自己是遵照神的意志而行。第一种是专属于年轻人，第二种是只能维持短暂的时间，第三种则是需要进行许多内在工作才能获得。如果已经度过了生命中的二元对立阶段，就会来到完全确定自己是遵照神的意志而行的境界。我们每个人都知道，这种喜悦是自己获得的真正遗产，它如影随形，并启发我们的人生目标。

这种境界最需要的就是接受对立的两套美德，但不落入互相争斗的精神内耗中，而是进入到悖论的高阶状态。赢很好，输也很好；拥有很好，分给他人也很好；自由很好，服从权威也很好。从悖论的角度检视生活中的元素，便是打开一连串全新的可能性。

我们不要再说对立是相互敌视，而是会建构出一个我们以人类身份就能获得的神圣现实。不该去区分其中一个属于世俗，另一个属于宗教。我们必须重新训练自己，知道每一项元素都代表一个神圣的真理。问题只是在于我们没有能力看见隐藏的合一性。而遵从悖论就能获得合一的权利。的确，基督教生活中最有价值的经验，就是合一的神视，这也是神秘神学最宝贵的经验，只有臣服于悖论才能获得。中古世纪的世界了解这种经验，所以他们能够超越对立的碰撞，并与神调和。

如果我们达到悖论的境界，就能发现超越争吵与妥协的合一态度，它将我们所有的能量汇聚在极佳的

拥抱阴影：从荣格观点探索心灵的黑暗面

焦点。这才是真正值得称道的领悟。

爱与权力的悖论

　　也许最难调和的一组相对元素，就是爱与权力。现代世界因为这样的二元划分被扯得支离破碎。想要调和这两种元素的人，只会发现自己遭遇更多失败，无法成功。

　　要以人类的身份生活，绝对离不开这两种元素。缺乏爱的权力非常野蛮，缺乏权力的爱平淡又微弱。但是当双方互相靠近，通常会让两人的生命发生炸裂的状况。大部分情侣或夫妻在争吵中的相互指责，会和权力与爱的冲撞有关。要让两者均得其应得，并延续这种似非而是的张力（paradoxical tension），是我们所面对最高阶的功课。舍弃一方，成就另一方，实在非常容易。但这样无法进行融合、获得唯一的真正答案。失败会造成分裂，如离婚、分手、争吵。真正的悖论会带来强而有力的坚定投入与神秘结合，如此才能够承受问题。

　　狂热（fanaticism）的现象，总是出现在选择了对立元素其中一方而舍弃另一方的时候。狂热的高昂能量致力于否定真理的其中一半，好让另一半控制全局。这种状况总是会使得人格变得脆弱而不可理解。这种正当性其实是来自"让自己保持正确"。我们会想听别人怎么说，但也害怕权力的平衡开始转移。旧有的模式崩毁，因为你知道如果"让步"的话，就会失去自己。自我是多么努力想要维持现状啊！在这种情况下，必须要对超越有所信心，并要有勇气为了彼此的关系牺牲自己的观点。

Ligare（缔结）是宗教经验的核心，是去连结、修复、聚集、完整，找到分裂之前的状态。我们的未来就仰赖这种宗教的神视。

阴影是通往悖论的入口

我们从阴影开始讨论，当然就可以问这个问题：悖论与阴影有什么关系？悖论的一切都与阴影相关，因为只有当我们拥抱自己的阴影，将阴影抬升到具有尊严与价值的地位后，悖论这个崇高的调和之所才会显现。拥抱自己的阴影，就是在为灵性经验做准备、打地基。圣经以及许多故事告诉我们，神圣的事物会从最普通的场所与事件中获得。有句神秘的格言是这么说的："我们可以在日常生活的冲突与紧张中找到高价的珍珠。"大家都有过这样的经验。曾经有人说，莎士比亚能够掀起任何一家的屋顶、写出不朽的戏剧。当我们掀起任何一家的屋顶，就能发现为宗教生活做准备的悖论，这种大于个人角度的审视。从冲突到悖论，再到启示，这就是神圣的进程。

谁没有过与不应该的对象谈恋爱的经验？要维持这样的爱，并同时维持自己的伦理道德观，就是在为进入真我（the Self）的阶段做准备，准备迎接比自我更大的状态。

谁没有过花上大把时间挣扎于规规矩矩的工作，或是再偷懒久一点，停留在梦幻的"乌有乡"？两者都不神圣，但神圣之地的确存在于两者形成的悖论之中。

来进行咨询的个案，常常会带着极为羞愤的感觉，罗列出在自己内心冲突的价值观。他们想要获得解答，但如果他们能让自己的意识承受这种悖论的状态，其实可以获得的机会比解答更多。有位朋友预约了苏黎世梅尔医师的咨询时段。这位医师最有名的就是不管听到任何事情，都是用"没错"来回应。我的朋友以优雅的英语勇敢地述说出自己生活中的错综复杂。她哭喊着自己无法再忍受下去。"没错，很好，"梅尔医师回答，"现在会有新的事情发生。"这绝对是医学治疗的方式，但只适合拥有力量去承受的人。

当无法停止的子弹撞击到无法穿透的墙，我们就能感受到宗教性的体悟。这正是能让人成长的地方。荣格曾说："找出一个人最怕的事物，那就是他能够进展到下一阶段的所在。"自我的塑造，就像是铁锤和铁砧中间那块被反复捶打的铁一样。

只有勇者才能承受以上的过程，而且我们不容易找到足以撑过这个过程的伦理或道德特质。我们现在的这个时代，英雄主义可重新定义为承受悖论的能力。

因此，实际上我们能怎么做？光是问这个问题，就会让我们偏离中心，因为这必须在动态进行与静态存在之间进行选择。花哨的解决方法不会有效。《今日心理学》期刊曾经有一期用粗体字大大地在封面写道："不要一直想做些什么，停下来一会儿。"感觉起来像是玩笑，但这就是佛学在我们急需这种观念的时候让我们注意到的事。通过高度觉察的等待，悖论被带往发展的下一阶段。自我没有什么能做的了，必须等待大于自我的状态到来。

玛丽–路蕙丝·冯·法兰兹博士（Dr. Marie-Louise von Franz）以直白的语言这么说：

荣格曾说过：置身在没有出口的情境，或是处在没有解决方式的冲突，是典型的个体化历程起始点，注定要出现无解的情境。无意识需要这个充满无助感的冲突，借此将自我推向墙角，唯有如此男人才能理解不管他怎么做都是错的，无论做什么选择也都是错的。其本意是要击倒自我的优越感，而这个优越感让个体误以为他有责任要做决定。想当然地，男人会说："那好吧，我就摆烂摊子放手什么决定都不做，到哪都只要拖延逃避就好了。"这样的想法也同样是错的，因为这样一来就什么也不会发生。但是如果男人具有足够的伦理道德感而能承受人格的核心，那么通常……自性就会出现。用宗教语言来说，这个死胡同情境的本意，是要迫使男人信奉上帝的作为；用心理学的语言来说，阿尼玛巧妙安排让男人落入死胡同的情境，本意是要推他进入经验自性的情境中……当我们把阿尼玛视为灵魂的导引者，就比较容易联想《神曲》中碧雅翠丝（Beatrice）引领但丁（Dante）上升进入天堂那一幕，但不要忘记他唯有经历炼狱之后才得以体验天堂。通常而言，阿尼玛不会就只是牵起男人的手上升进入天堂，她会先把他放进热锅里，好好地蒸煮一番。①

承认悖论，就是承认比自我更大的痛苦。这种宗教经验恰好存在于我们觉得自己走投无路的无解状态中。这是在邀请我们进入比自我更大的存在。

① 出自玛丽–路易丝·冯·法兰兹的《解读童话：从荣格观点探索童话世界》。

拥抱阴影
从荣格观点探索心灵的黑暗面

Owning Your Own Shadow:
Understanding the Dark Side of the Psyche

| 第三章 |

灵光

感谢神，有个概念能够从日常的僵局中拯救我们。令人开心的是，这个概念就存在我们自己的基督教文化中，不需要去其他遥远的地方寻求解答。

答案就是灵光（mandorla），这个来自中世纪基督教，但今天几乎没有人知道的概念。我们可以在讨论中古神学的任何一本书上看到灵光，但现在能看到的讨论却很少，这是个如果失去会非常可惜的概念。

每个人都知道什么是曼陀罗（mandala）。曼陀罗是借自印度与中国西藏的梵文词汇，它是一个神圣的圆形或封闭的地方，代表着整体与圆满。我们常常会在西藏唐卡中看到，画面上通常有佛陀与许多相关事物，并会挂在佛堂或寺庙的墙上，作为生命圆满的象征。曼陀罗能够提醒我们，自己与神还有众生万物的合一。在西藏，导师常常会画曼陀罗给学生，让学生对着曼陀罗冥想；一直到导师给予下一阶段的指导

拥抱阴影：从荣格观点探索心灵的黑暗面

前，冥想会花上许多年。在哥特式建筑的玫瑰窗上，也可以发现曼陀罗图案，而且在基督教艺术中常被当成疗愈的象征。人格支离破碎的人士会梦见曼陀罗，因为他们需要这种抚慰象征的力量。荣格在自己人生特别难过的一段时间，每天早上都会画一幅曼陀罗，好维持自己感官的平衡与协调。

灵光同样有疗愈效果，不过形式有些不一样。灵光是两个圆形部分重叠时呈现的杏仁状图案。mandorla 也是意大利文的杏仁，这并不是巧合。这个形状也代表我们之前所探讨的关于对立元素的重叠。一般认为，灵光是天与地重叠的部分。我们所有人都无法避免在天与地冲突的号令之间受到拉扯。灵光指引我们如何进行协调与和解。耶稣基督与圣母玛利亚的画像背后常常会有灵光包围，这是在提醒我们，人类同时拥有天与地的特质。基督教让生命的阴性元素在灵光中拥有一席之地，即是郑重地承认并肯定其价值，且圣母玛利亚与耶稣基督一样，经常庄严地端坐在灵光中。我们可以在许多欧洲大教堂朝向西方的大门上，看到极其精美的灵光包围着耶稣基督或圣母玛利亚。

灵光的疗愈本质

灵光对我们这个撕裂的世界非常重要，接下来会进行详细讨论。我们在探讨阴影时，提到了各种对立的元素。将各种可能性分出相对的好坏，然后完全贬抑坏的部分，以至于到后来根本记不得有这样的存在，一直是我们文化生活的本质。这些被贬抑的元素构成了我们的阴影，但不会永远被放逐，它们大概会在中年的时候回来，就像旧约圣经中从沙漠中回来的代罪羔羊。

这些受到放逐贬抑的元素想要获得承认的时候，我们可以怎么做？接下来我们就该了解一下灵光。

灵光具有极为强大的疗愈与鼓舞作用。在疲倦、沮丧，或是受到生活的碾压，无法在对立元素的紧张中存活下去时，灵光可以告诉我们该怎么做。当大部分的坚持努力与严格自律都无法阻绝生活中痛苦的冲突时，我们都需要灵光。灵光帮助我们从文化生活转换到宗教生活。（幸运的是，这并不会终结我们的文化生活，因为文化结构已经完整建立，可以自立存在。）

灵光让分裂的状态得以疗愈。重叠的部分一开始通常非常细，就像是新月的一抹银光。但至少是个开始。随着时间进展，重叠部分愈来愈大，疗愈也愈来愈强、愈来愈完整。灵光将原本撕裂分开、不完整、不神圣的部分连接起来，这是我们在生活中能够体会到最深刻的宗教经验。

灵光是诗歌的所在。真正的诗人有责任将我们所在的破碎世界重新整合起来。艾略特（T. S. Eliot）在《四个四重奏》（*Four Quartets*）中写道："火焰与玫瑰是一体。"[1] 他将火与花这两个元素重叠起来后，灵光因而形成。知道转化的火焰与重生的花朵其实是同一件事，我们的灵魂深处会因此感觉到喜悦。所有的诗都是基于以下的主张："这样"就是"那样"。当意象重叠起来，我们便拥有了合一的神秘概念，感觉在破碎的世界中还有安全与确定。诗人将"整合"这份礼物送给我们。

伟大的诗作飞越过裂痕，将存在的美丽与可怕结

---

[1] T. S. 艾略特的《四个四重奏》，收录于《诗与戏剧全集：1909—1950》（*The Complete Poems and Plays:1909-1950*）（哈考特出版社，1971 年）第 145 页。

合起来。诗拥有让人惊讶与震撼的能力，提醒我们那些总以为是对立的事物，其实彼此互相连结。

语言也是灵光

所有的语言都是灵光，结构完整的句子就拥有这样的本质，也许这也是我们都很喜欢说话聊天的原因。好话能够让破碎的世界恢复圆满；文法错误、颠三倒四的句子之所以会让我们感到恼怒，也许是因为这样的句子没办法好好重叠元素、无法发挥合一的作用。

我们最常用的动词"是"，便具有强大的合一作用。使用"是"的句子，是一种身份的宣告，并疗愈两种元素之间的裂痕。动词"是"的谓语（predicate）会使用主格代名词（subjective form），就是对于这种作用的保证。我们会说"I am he"（意为"我是他"，he 是英文中"他"的主格），而不是"I am him"（him 是英文中"他"的宾格）。我和他都是主格，这是让具有差异性的两者在神秘学层次合一的陈述法。

即使不用动词"是"，所有的句子其实都是对于身份的宣告，虽然可能较不明显。每一个动词都会创造出神圣的领域。"我要回家"或"我现在要演奏音乐"，都对"我"和"家"，或是"我"和"音乐"指涉了一种特别的身份。任何结构完整的句子，都是在融合二元对立的状态，具有无比强大的疗愈与恢复力量。只要正确使用语言，我们每个人都是诗人与治疗师。每一次我们说出真实的话语，就是在创造灵光。

句子与数学等式很类似，动词的部分就代表等号。正确的句子会说主词等于动词，因此中止了两者间的争吵；二元对立原本造成的裂痕就此修复。

拥有丰富动词的语言，比大部分仰赖名词的语言要来得更有力量。中文与希伯来文是前者。人说的话如果主要使用动词传达，会更为有效。若主要使用的是名词，力量较弱。若主要使用的是形容词与副词，那就完全搞错方向。动词是圣地，是灵光的领域。我们可以看到莎士比亚的伟大作品中，展现出强大动词的高贵典雅与疗愈力量。

远在录音机尚未普及时，有位朋友送了我一台。使用说明写道："把录音带放进去，按下 A 钮，用录音机听录音带。然后录音带换面，按下 B 钮，录下你的回答。"我在开始录回应时，前几分钟感觉很诡异，想不到自己该说什么。但等到一小时后，整卷录音带录完，我超生气，因为我还没有把所有想要表达的事情讲完。把自己讲的话录起来，后来就成为对我非常珍贵的动作。沮丧的时候，我会录个音，发现自己在讲话中不知不觉就解决了两难的困局。我做的正是弗洛伊德所说的"谈话治疗"（the talking cure），因为语言只要正确使用，就是非常具有疗愈力的媒介。我的朋友住得很远，我们很少见面。有一次好不容易见了面，朋友说："罗伯特，为什么你在录音带上听起来比见面聊天要睿智那么多？不用回答，我知道，因为用录音带我不会打断你！"把话录下来给他，启动了我的感觉功能，让我能自由地处理自己的想法。让对方好好讲话，不要用自己的想法去干扰他的言谈，就是送给对方一份珍贵的礼物。只要拥有正确的容器，我们就能用言语创造出灵光，治疗许多事物。在适当的环境下，我们可以靠着自己的能力成为诗人。

拥抱阴影：从荣格观点探索心灵的黑暗面

听到某人（甚至是自己）说"也许是这样，也许是那样，可能之后会，我想如果"，就像狗绕着自己的尾巴追那样，其实是非常奇妙的事。但逐渐地，两个不同的圆开始重叠，灵光就此诞生。这就是疗愈、连结，是宗教经验的基本特质。

所有好的故事都是灵光，内容讲述着"这样"与"那样"，然后通过故事的魔力，逐渐让我们看到对立的元素相互重叠，最后变成同一件事物。我们多半会以为故事主要讲述的是善战胜恶，但更深层的真相是，善恶可以互相替换，两者其实相同。因为我们融合的能力有限，许多故事只能稍稍触及这种合一状态。但任何的合一状态，即使只是暗示，都能够疗愈。

还记得摩西与燃烧荆棘的故事吗？有许多的荆棘丛，也有许多燃烧的火焰。但在这个故事中，荆棘与燃烧重叠。荆棘没有被烧毁，在我们发现两种现实的秩序叠加起来后，那瞬间，我们便了解神就在附近。这就是重叠的结果。

只要感受到对立元素的冲撞与互不相让（荆棘不会被烧毁，火焰也不会熄灭），就可以确定神的降临。我

们非常不喜欢这种经验，也尽力想要避免，但如果能够
忍受这种无法解决的冲突状态，就能够直接与神连结。

　　灵光是冲突解决方式的原型（prototype），可以
说是疗愈的艺术。莎士比亚是这么形容创作的：

　　　　诗人的眼睛狂热地转动，

　　　　从天看到地，再从地看到天。

　　　　当想象力让未知事物成形，

　　　　诗人的笔赋予实体，

　　　　让虚空中的无，拥有现实的居所与名字。[①]

　　莎士比亚在此调和了天与地，给了名字与位置，
让人类的能力得以处理如此广大的愿景。

　　调和天与地这么辽阔的范围，其实超乎我们平时
采用的观点。一般来说两种无法调和的对立元素（罪
恶与需求），会对我们的精神结构造成影响。这时我

---

① 威廉·莎士比亚《仲夏夜之梦》第五幕，第一景，12~17 行，收录于《河
　畔莎士比亚全集》（*The Riverside Shakespeare*）（霍顿·米夫林出版社，
　1974 年）。

们需要诗人，或是我们内在的诗人，将两者重叠，产生庄严崇高的整体。还有谁比莎士比亚更能让天的虚空与地的沉重现实融合起来，并赋予这样的融合一种能让一般人了解的形式？除了我们内在的莎士比亚之外，还有谁可以？

把"这样"与"那样"融合起来，从中创造出灵光。靠着我们自己的诗意才能，大概挣扎半天也只能创造出最细微的一丝灵光，而且几分钟后就消散了。昨天让人激动不已的灵感，到哪去了呢？但如果重复经历这个过程，累积够了之后，就会成为融合能力的永久基础。我们可以期盼生命来到尽头时，两个圆会完全重叠。当我们真正成为两个世界的居民，天与地就不再相互对抗。最后我们不管什么时候都只会看到一个圆。这才是真正地圆满了基督教的教义，也就是中世纪神学推崇的荣福直观。会看到两个圆，其实是我们的能力与需求只能看到事物的正反虚像。

灵光的创造不只限于语言形式。艺术家使用形式、颜色、视觉张力来创造灵光。音乐家同样使用旋律、形式与音色来创造灵光。

我对于音乐十分熟悉，因此更容易注意到音乐创造的灵光。巴赫的《马太受难曲》大概演奏到四分之三的时候，高潮出现了。场景是基督被钉上十字架，由女低音独唱《主耶稣伸出他的手》。女低音编织出祥和的声线，而低音巴松管这种声音既粗又低的乐器，则演奏出一连串跨自然七度音的旋律。这样的音程（八度少一个音）在古典对位法中禁止使用，因为会发出像是驴子的叫声，非常难听。[1] 格罗菲的《大峡谷组曲》采用了大量的七度音来描绘驴子走在峡谷小径上的感觉。但是巴赫天才地将这两种元素：最为祥和圣洁的声音与最为刺耳杂乱的声音，交织在一起，然后创造出灵光。祥和的女低音宁静地唱着，而低音巴松管在低音部演奏出怪异滑稽的跨七度音。两者加在一起，产生了崇高的整体。对我来说，听到如此天才的音乐，是在这个世界上体会到最为疗愈的经验之一。如果这两种极端的声音可以交织在一起创作

---

[1]　我有个朋友交了一份对位法的作业给一位知名的老师。老师用红笔改了发回来："跨自然七度音是专门给驴子用的！！"我的朋友加了几个字再交过去："还有巴赫！"然后他就被退学了。

出伟大的作品，也许我也可以这么利用自己生命中杂乱无章的元素，将它们结合在一起。

身兼原始萨满与天主教修士这两种奇妙的混合身份，是南美的巫师的传统，这让我们看到了一种特别强大的灵光形态。南美巫师的神桌是帮病人治疗时进行弥撒的祭坛。他们将这种祭坛划分成三个不同部分。右边是神圣启发的元素，像是圣人像、花朵、魔法圣物。左边是黑暗禁忌的元素，像是武器、刀剑，或是其他破坏性的工具。两边对立元素之间，则是疗愈的空间。这样的信息非常明白正确，我们自身的疗愈就是在善与恶、光与暗重叠的地方开展起来。光明的元素无法单独进行疗愈，光与暗相接的地方才是奇迹发生之处。这个中间之地就是灵光。[①]

灵光也可以用舞蹈呈现。我记得有一位女性个案，在咨询时跳出了内心冲突的元素。她先是舞动出自己生活的某个部分，然后移动到咨询室的另一边舞动出另一个部分。这不是我熟悉的领域，因此我便

[①] 感谢加州圣地亚哥巴波亚公园人类博物馆馆长道格拉斯·夏隆博士给我的启发。

缩在椅子后面直到咨询时间结束。个案跳完后，邀请我走出来，并向我解释她刚刚用肢体语言说了些什么。

有人可能会批判，灵光只是个人的经验，完全无法实际运用。但易经第六十一卦说："君子居其室，出其言，善则千里之外应之。"如果在个人内心创造出灵光，千里之外也能让人有所回应。

若发现有人特别平静祥和，或是散发出疗愈的氛围，也许是因为他在内心创造了自己的灵光。如果想要感染周围的环境，千万不要躁进。要暂停下来、创造灵光；不要埋头苦干，而是存在当下。

大家常常会问荣格说："我们过得去吗？"这问题指的是这个时代的大变动。荣格总是回答："只要有足够的人进行内在工作。"灵魂工作可以带领我们渡过任何危机。灵光就是在创造祥和。

我认为圣经中最美丽的句子就是："你的眼睛若明亮，全身就光明。"（马太福音，6:22）。右眼看到这样，左眼看到那样，但如果用第三只眼去看，一切都会充满光明。印度人会在额头中央点上红点，代表自己已经领悟（或正走在领悟的道路上）。在脉轮的系统中，这是人类意识所能达到的最高点。但还有另一个第七脉轮的存在，则是超越了我们一般人能力所能体验的。

因为基督教信仰的鼓励，大部分西方人都将创造灵光的能量投注在告解上。但告解没有创造出任何事物，而有意识的工作会建构灵光，进行疗愈。灵光中没有悔恨；灵光需要的是有意识的工作，而不是自我姑息。

花费在告解上的能量，如果用于勇敢面对在人格中冲突的两套真理，反而能获得更多的回报。我们最好能记住，用两条曲线画出流线形的耶稣鱼，这个早期使用的基督符号同样是灵光。就定义来说，耶稣基督本身就是神与人的交叉点。他是对立元素调和的原型，也是带领我们走出冲突与二元对立领域的向导。早期的基督徒是用以下的方式来了解彼此的身份：在见面的时候，会有人先在地上画一个小圆，另一个人则画第二个与第一个稍微重叠的圆，完成一个灵光的图案。这种打招呼的方式，在基督徒遭受严重迫害的时期，非常强而有力。对今天的我们来说，这也很有意义。如果想要提出一个主张，那么让另一个通常来自阴影的主张进来也很好，因为这样可以创造出比任何一个单独观点更宽广的灵光。

我记得中学时期的辩论课，有一次老师在辩论开始前一分钟，要我们正反方互换。原本我很惊慌，后来则因为得到一种崭新不同角度的概貌，而感觉到一股庞大的能量。的确，这次的经验能量强大，让我打赢辩论赛。我觉得这是因为自己给予对立两边同样的信任，才能得到更高层次的观点，而赢得（或以这个观点取代）一些内在生活中灵性方面的激烈争辩。

灵光的人性层面

我们可以把人类的生活看作是灵光，或是能够调和对立元素的基础。从这个角度来看，每个人都是救世主，而耶稣基督则是人类救赎者的原型。男女之间的眼神接触也都是灵光，是阳刚与阴柔两种极端特质交会并相互礼赞之处。灵光是神圣的容器，新的创造在此成形与萌发。圣经从来都没讨论过求偶与婚姻是与精神调和的象征。汤妮·苏斯曼（Tony Sussman）是伦敦的一位荣格心理学家，也是我的入门老师之一。她曾经告诉我，在梦境中，性一直都是代表着创造的符号。即使性在梦中是以暴力的形式呈现，也还是在传递调和与创造的信息给我们。合一在象征世界中的地位就是如此崇高。（对于内在来说永远为真，但外在不能以此类推。）

若是体会过强烈的灵光（这是多么令人喜悦！），就会知道这种经验的持续时间只有一瞬间。之后我们必须回到二元对立、时间与空间的世界，继续日常的生活。阴影会从头再创造、累积，接着就会需要新的转化经验。历史上的伟人同样只能瞬间看到整体的样貌，然后非常快速地回到自我与阴影冲突的世界。有句印度的谚语说："任何认为自己已经领悟的人，其实根本没有领悟！"身为人类，不管从哪里出发，都会受到分裂，重复产生自我与阴影的对立状态。也许就是因为如此，圣奥古斯丁才会说："行动就是罪。"只要我们在社会上生存，就必须背负着阴影作为代价。

社会则会用集体的现象作为代价，例如战争、暴力与种族歧视。这就是为什么宗教生活会认为另一个世界、天堂与千禧年会是内在生活的顶点。文化与宗教的目标并不相同。

想要平衡文化的灌输，需要每天不间断地进行阴影工作。这么做的第一个好处，是能够消除我们投射在他人身上的阴影，也不会增加这个世界上弥漫的黑暗，还有造成战争与冲突的集体阴影。而第二个好处则是我们能够借此准备创造灵光——这种美丽与整体的高阶愿景、人类意识的最大奖赏。

古代的炼金术士非常了解这样的过程。炼金术会经过四个发展阶段：黑化让我们经历到人生的黑暗与消沉；白化让我们看到事物的光明面；红化则是发现热情；最后的黄化让我们欣赏到人生有如黄金般珍贵的一面。经过四个阶段后，全彩的灵光因而诞生。这就是"孔雀尾"，包含了之前出现的所有色彩。这样的过程不能任意停止，必须进行到最后的孔雀尾阶段，才能拥有包含一切的全彩。如果做错了，人生的色彩就会混合成灰色，所有的颜色互相中和，变成沉闷的单色。如果做对了，就能获得孔雀尾，生命所有的色彩会创造出壮观而丰富的图案。灵光不只是中和或妥协之地，而是孔雀尾与彩虹诞生之处。

知识铺垫

分析心理学

分析心理学被称为荣格心理学或原型心理学。这种深层心理学是瑞士的精神医学家荣格（Carl Gustav Jung，1875—1962）用毕生的心血研究创立的。它是临床的并且也是思维的理论体系。所谓深层心理学，用弗洛伊德的话来讲，是指"不能直接到达意识的深层的心理过程"，即我们把处理无意识领域的心理学叫深层心理学。

意识、个人无意识、集体无意识

意识是人精神世界中唯一能够直接感知的部分，即我们所能意识到的东西，是对于个人生活经验及思想的反映，伴随着生命的诞生而出现，如从婴儿时期开始出现的感觉、知觉、思维等。荣格发现，人的意识发展过程就是人的"个性化"（individuation）过程，它在人的心理发展中起着相当重要的作用。

个人无意识，是指曾经被意识而后被压抑（遗忘）的经验，或开始时不够生动、不能产生意识印象的经验。荣格认为这些经验会组成情结的主题不断地在人生中再现，对人的行为起着重大影响。

集体无意识，是指由遗传保留的无数同类型经验在心理最深层积淀的人类普遍性精神，由荣格在1922年的《论分析心理学与诗的关系》一文中提出。荣格认为人的无意识有个体和非个体（或超个体）两个层面，即个人无意识和集体无意识。前者只到达婴儿最早记忆的程度，是由冲动、愿望、模糊的知觉等组成；后者则包括婴儿出生以前的全部记忆，可以在所有人心中找到，具有普遍性。

原型

荣格认为，在人的进化过程中，大脑携带着人类全部历史，即一种集体性的"种族记忆"，当它们被凝缩、积淀在大脑结构之中，就形成了各种原型。原型可根据民族的不同，出现在本民族的神话、寓言、传说等文学作品和艺术创作中，是远古以来人类所继承的共同心理部分。在众多原型中，荣格研究较多的是人格面具、阿尼玛和阿尼姆斯、阴影和自性。

人格面具

人格面具是指人能够根据外在要求灵活地表现出适当的态度和言行，其作用是使人与其所处的社会之间达成一种融合。人格面具是公布于众的自我，是由于人们必须在社会中扮演各种角色而发展起来的。也就是说，人格面具是人与外部环境协调的部分，是心灵的一部分。

阿尼玛和阿尼姆斯

阿尼玛和阿尼姆斯又称异性的原型，即男女两性意象，前者是指男性心灵中的女性意象，后者是指女性心灵中的男性意象。它的基本功能是引导人们去选

拥抱阴影：从荣格观点探索心灵的黑暗面

择一个浪漫伙伴并建立情感关系。荣格认为，男女之所以相互吸引，是双方把自己心中的女性意象或男性意象投射到对方身上，并且相互适应。阿尼玛使男性具有女子气，并拥有了与现实中女性的交往模式；同样，阿尼姆斯使女性具有男子气，并拥有了与现实中男性的交往模式。

阴影

阴影也称同性原型，代表一个人自己的性别，并影响到其与其他同性的关系。阴影原型所蕴藏的人的基本动物性比其他原型蕴藏的数量都多，是人心灵中最黑暗、深入的部分，也是人性中邪恶、攻击的象征。认识、接受并整合阴影，深刻理解阴影与人格面具的关系，将使阴影朝有利于人格的方向发展，有助于荣格所说的"自性"的实现。

自性

自性是荣格提出的最重要原型，也是统一、组织和秩序的原型，并且是整个心灵的核心。自性是能够包含所有其他原型的原型，其作用是为人格确定方向，协调人格的各组成部分，使之整合为一个和谐的整体。荣格把这个统一体称作自我实现 (self-actualization)。